개정판

6차산업화시대

농업회계

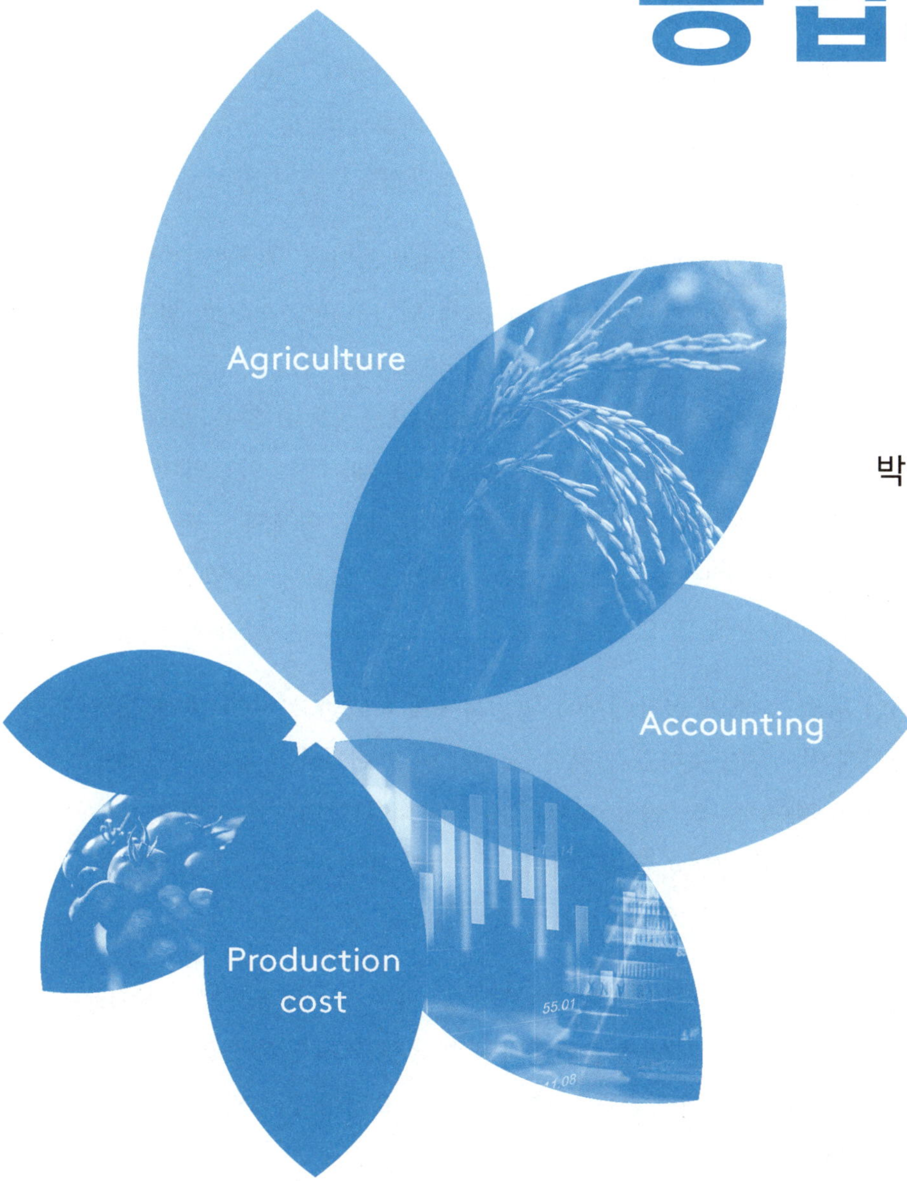

박영일 · 김혁식 공저

세창문화사

머리말

오늘날 우리 농업은 개방화의 물결로 경쟁이 심화되어가고 있다. 또한 자본화 경영 중심지향으로 규모화 되어가고 있고 6차산업화 등으로 더욱 다양화되어가고 있다. 이런 변화의 흐름 속에서 이제 농축산업도 기존의 경영방식으로는 성공할 수 없다.

회계는 오랜 인류 역사 속에서 경영의 지혜가 응집되어 만들어진 재산관리 아이디어라고 말한다. 그래서 회계는 인간이 경제활동을 하게 되면서 필연적으로 생겨 난 사회적 산물이다. 회계를 경영의 언어라고 얘기하는 것도 여기에 있다. 또 회계의 사회적 역할은 한정된 경제적 자원이 적절하게 배분되고 효율적으로 활용되도록 함으로써 경제발전에 기여하는 데도 있다. 독일의 문호 괴테는 회계를 "인간의 마음에서 끌어낸 가장 훌륭한 발명품"이라고 말하기도 했다. 우리가 회계의 기본구조를 이해하고 실무에 활용하다 보면 이런 말에 공감하게 될지도 모른다. 농업경영에도 회계의 효용성을 높여 회계가 품고 있는 위대한 뜻을 느껴보자는 것이다.

저자들은 오랫동안 농업·농촌의 현장에서 농업인들에게 다양한 분야에 대해 강의를 해왔다. 그 중에서 무엇보다 소중하고 긴요한 교육이 바로 회계라는 것을 공감하게 되었다. 그래서 어떻게 하면 좀 더 쉽고 명료하게 친화적인 방법으로 회계지식을 보급하고 교육시킬 수 있을까 고민하던 중 이러한 교재가 필요하다는 것을 깨닫고 많은 논의 끝에 이 책을 탄생시키게 되었다.

그동안 농업회계에 대한 책이 간헐적으로 출간되기도 했다. 또 농림축산식품부나 농촌진흥청 등 농업관련 정부기관에서 농업회계지식 보급을 위해 많은 노력을 기울여왔으나, 농업회계에 대한 보다 새로운 논리적 접근의 필요성이 인식되어 이 책을 쓰게 된 또 하나의 이유이기도 하다.

오늘날 IT기술의 발전으로 회계업무분야에서도 급속한 전산화가 이루어지고 있으나 회계처리의 논리적 전개와 회계정보 창출에 대한 기본적인 과정을 알고 있어야만 회계처리결과에 대한 효과적인 이해와 합리적인 의사결정을 할 수 있을 것이다. 회계정보를 산출해 낼 수 있는 능력은 곧 선진농업인으로 나아가기 위한 또 하나의 발판이 될 수 있다.

이 책을 집필하면서 역점을 두었던 사항은 다음과 같다.

첫째, 회계의 기본 개념과 구조를 이해하는데 중점을 두었다. 기본적인 농업회계정보의 산출과정을 이해하고, 주요 회계보고서를 작성할 수 있는 능력배양을 목표로 하고 있다. 그리고 논리적 전개와 맥락에 있어 상호간의 논리적 연결고리를 충실하게 기술하고자 하였다.

둘째, 핵심내용을 논리적이고 간명하게 기술함으로써 회계에 대한 접근을 보다 용이하게, 그리고 이해하기에 쉽도록 하였다. 따라서 한 눈에 보다 많은 원리를 쉽게 이해할 수 있도록 요약된 표와 그림을 많이 넣었다. 나무가 아닌 숲을 볼 수 있게 하는 회계학의 학습원리를 충실히 따르고자 하였다.

셋째, 본문내용을 조금 더 심층적으로 이해할 수 있도록 상세한 설명을 '회계상식'과 '참고' 부분에 실어두었다. 어떤 회계기준이나 특정분개 등에 대한 논리적 배경이나 회계 이론적 접근방법을 소개함으로써 보다 알기 쉽게 효율적으로 심도 있는 학습을 할 수 있게 될 것이다.

넷째, 농업회계에 있어 재무분야 뿐만 아니라 농업6차산업화에 따른 원가회계처리의 흐름체계와 현장 활용에 대한 이해를 높이도록 예시를 들어 구체적으로 설명해 놓았다.

다섯째, 농업인이 꼭 알아야할 세무회계처리 방법에 대해서도 게재하였다. 특히 오늘날 전산화시대에 부응토록 농업회계의 전산관리에 대해서 전산프로그램을 활용하여 이해하기 쉽도록 설명해 놓았다.

독자들에게 특히 당부할 사항은 회계를 절대로 어려워할 필요가 없다는 것이다. 농장경영의 회계처리에 대해서 핵심이 될 만한 몇 가지 기본적 회계지식을 갖추면 된다. 그 다음부터 회계처리는 너무너무 쉽다. 그야말로 누워서 떡먹기보다 더 쉽다. 전체를 다 알지 못해도 몇 가지 주요 포인트만 알면 된다. 나머지 것들은 몰라도 나중에 스스로 다 이해를 할 수 있게 된다. 자신감을 가져주기 바란다.

아무쪼록 이 책이 농업경영 회계처리에 많은 도움이 되어 우리나라 농업발전과 농가소득증대에 기여되기를 기원해마지 않는다.

끝으로 본서를 발간하는데 많은 분들의 성원과 도움이 있었다. 바쁜 중에서도 편집디자인에 관해 많은 조언을 해 주신 박옥주 국장님과 본 교재의 출판을 허락해 주신 세창문화사 김충수 대표님, 출판과정에서 많은 수고를 하신 편집팀 송은주실장님께도 감사를 드린다. 아울러 본서의 출간 준비기간 동안 인내하고 성원해준 가족들에게도 고맙다는 인사를 전하고 싶다.

2020년 1월

저자 **박영일·김혁식** 올림

개정판을 발간하면서

본 책을 발간한 지 어느덧 2년이란 세월이 흘렀다. 비록 짧은 시간이라고 할 수 있지만 농업환경은 끊임없이 도도히 변화 물결의 흐름을 따라 나아가고 있다. 농업회계체계도 시대적 환경변화에 부응해 나가야 된다는 사명감에서 새롭게 제2판을 준비하였다.

과거보다 더욱 다양화되고 규모화되는 농업경영에 있어 회계 정보의 역할이 더욱 확대되어 가는 현실이다. 농업경영의 수익 원천을 제대로 찾아내고 수익을 극대화해 나가며, 또 재무적 위험에 미리 대비할 능력을 키워나가는 것이 무엇보다 중요해지고 있다.

또한 요즘 정밀농업경영이 시대적 화두이기도 하다. 이제 회계에 대한 기초지식은 농업경쟁력 배양에 있어 더욱 중요한 요소로 떠오르고 있어 효율적 농가의 의사결정이 될 수 있도록 논리적 사고능력을 함양하는 데 더욱 노력을 기울여 나가야 한다.

흔히들 '회계는 비즈니스의 언어'라고 말한다. 농업경영의 모든 것이 숫자로 표현되고 회계로 정리될 수 있다. 또 농장의 가치가 회계를 통해 얼마가 되는지를 표현할 수도 있다. 따라서 회계에 대한 이해도가 높은 농가일수록 농장의 재무제표를 통해 재무구조와 경영성과를 쉽게 파악할 수 있는 가운데 경쟁력을 배양해 나갈 수 있다는 것을 잊지 말아야 할 것이다.

금번 제2판은 1판에 비하여 논리적 체계를 좀 더 보완하기 위해 일부 수정하였고, 농업경영분석에 있어 손익분기점분석 부분을 보완하였다. 그리고 오늘날 농업경영의 규모화 및 법인화로 인한 세무회계처리의 중요성이 부각됨에 따라 농업세무회계분야를 보충하였다.

아무쪼록 본서가 더 좋은 책이 될 수 있도록 앞으로도 꾸준히 보완해 나갈 것이다. 또한 이 책이 더욱 충실해질 수 있도록 독자들의 질책과 격려를 부탁드린다. '농촌이 살아야 나라가 산다'는 저자들의 삶의 철학이 공감되는 세상이 실현되기를 바라마지 않는다.

2022년 5월

저자 **박영일·김혁식** 올림

차례

CHAPTER

01

6차 산업화 시대 농업회계

회계이론과 농업회계 이해

Ⅰ. 회계의 본질

Ⅱ. 농업회계와 회계처리구분

Ⅲ. 재무상태표(대차대조표)의 기본구조

Ⅳ. 손익계산서의 기본구조

Ⅴ. 거래의 의의와 결합관계

CHAPTER 01

회계이론과 농업회계 이해

I 회계의 본질

1. 회계의 의의와 목적

'회계(會計, accounting)'라는 말이 우리나라에 처음 도입된 것은 1960년대 말이며 이전에는 주로 '부기(簿記, book-keeping)'라고 하였다. 부기란 글자 그대로 장부에 기록하는 것이다. 즉 장부기입을 줄인 말로서 일정한 방법으로 장부에 기록하는 요령이나 기술을 말한다.

이에 비해 회계는 보다 넓은 개념으로서 자본주의 사회를 살아가는 우리에게 가장 중요한 자본인 돈의 흐름을 정확히 추적하여 정보화한 후 경영체를 운영하는 경영자에게 회계정보를 제공해 줌으로써 그들의 경영 및 경제활동을 성공적으로 이끌게 하는 역할을 하고 있다. 따라서 오늘날 일반적으로 인정된 회계의 정의는 주주·채권자 등 정보이용자의 의사결정에 유용성을 강조하여 다음과 같이 말하고 있다.

> 회계(accounting)란 회계정보이용자가 합리적인 판단이나 의사결정을 할 수 있도록 기업실체에 대한 유용한 경제적 정보를 식별·측정·전달하는 과정이다.
>
> 〈한국채택국제회계기준(K-IFRS)〉

이처럼 회계는 회계정보이용자들이 의사결정을 하는데 필요로 하는 정보를 생산하여 제공하는 일련의 정보시스템으로 여긴다. 당해 경영체와 관련된 유용한 정보를 식별하고 측정해서 전달해 주는 과정을 회계라 말한다. 여기서 측정(measurement)이란 실제로 존재하는 것을 수치화하는 것이다. 즉, 측정의 본질은 계량화하는 작업이다. 회계는 경영체가 수행하는 다양한 경제적 활동들을 측정함으로써 실제 일어나고 있는 경영활동을 숫자로 나타낸다.

따라서 회계의 목적은 정보이용자 또는 이해관계자의 경제적 의사결정에 유용한 정보를 제공하는 것이다.

〈표 1-1〉 **회계의 의의**

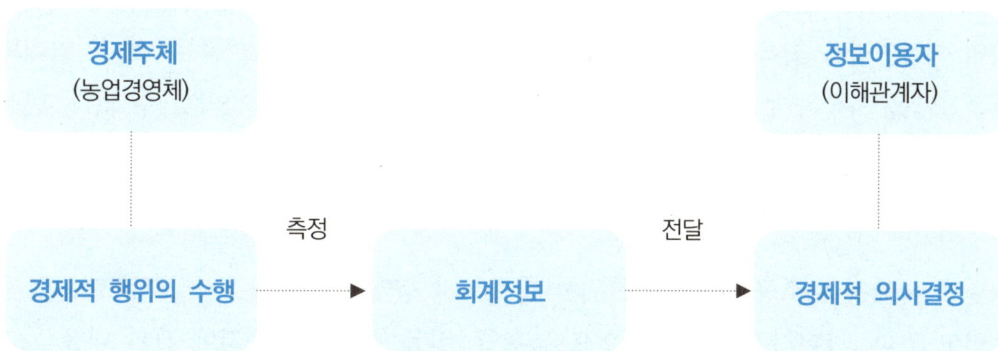

✔ 회계상식 ❶

부기와 회계는 어떻게 다른가?

'부기(簿記)'는 장부(帳簿)의 끝 글자인 부(簿)와 기입(記入)하다에서 머리글자인 기(記)를 합쳐 장부기입의 약칭이다. 즉, 부기는 거래를 정리하여 장부에 기록하는 절차이다. 이에 비해 회계는 거래의 기록분만 아니라 그 기록이 이해관계자의 의사결정에 유용하게 이용될 수 있도록 경영전반의 경제적 가치변동에 대해 회계정보의 수요측면을 강조하여 제공하는 체계적 절차라고 말할 수 있다.

〈부기〉		〈회계〉
· 거래를 정리하여 장부에 기록하는 절차	≠	· 거래의 기록분만 아니라 유용한 정보를 제공하기까지의 체계적 절차

2. 단식부기와 복식부기

(1) 단식부기

단식부기는 거래사실을 일정한 원칙 없이 단순하게 기록하는 방법이다. 거래의 양면을 모두 기록하지 않고 단순히 현금의 수입이나 지출만을 기록한다는 뜻에서 나온 말이다. 예를 들어 상품을 구입하고(원인) 현금을 지급한(결과) 거래의 경우 단식부기에서는 현금의 지급만을 기록하고 상품의 구입을 기록하지 않기 때문에 거래의 한쪽면만을 기록한 것이 되어 거래를 온전히 기록하였다고 볼 수 없다. 거래의 한쪽면만을 기록하게 되면 모든 재산의 증감변동상황을 정확히 파악할 수 없다. 단식부기는 가계부, 현금출납부 등에 사용되는 방식이다. 단식부기는 소규모 자영업자나 가계에서 주로 활용하며, 법인경영체는 활용하지 않는다.

현재 국세청은 소규모사업자를 위한 단식부기 형태인 간편장부작성프로그램을 제공하고 있다. 간편장부에는 날짜순으로 수입, 비용, 고정자산증감에 관한 내용을 기재할 수 있다. 이는 작성이 간편하고 현금성 자산의 출납과 잔액을 확인할 수 있다는 장점이 있다. 그러나 복식부기와는 달리 자산의 증가와 감소 변화를 확인하거나 손익의 발생 원인을 확인할 수 없다. 또한 복식부기와 같이 자기검증을 가지고 있지 않다는 한계점이 있다.

(2) 복식부기

복식부기는 한 개의 거래를 두 번 기록한다는 말에서 나온 말이다. 모든 거래를 일정한 원리원칙에 따라 원인과 결과로 나누어 거래의 양면을 이중으로 기록한다. 즉, 복식부기는 자산, 부채, 자본의 증감변화와 발생원인을 기록하는 방법으로 오류를 자동으로 검증할 수 있다. 또 복식부기는 재무상태나 손익관계의 흐름을 명료하게 나타내게 된다. 따라서 정확한 순손익 계산을 위해서는 약간 복잡하지만 전 세계적으로 수백 년 동안 이용되어온 전통적 기장방법인 복식부기를 습득하는 것이 필요하다. 대부분의 법인경영체에서 활용된다.

〈표 1-2〉 **단식부기와 복식부기의 차이점**

단식부기	복식부기
① 일정한 원리원칙 없이 상식적 기록	① 일정한 원리원칙에 의하여 기록
② 기록의 정확성 여부를 확인 곤란	② 기록의 정확성 여부를 확인 가능
③ 재산의 변동상황 단순 기록	③ 모든 재산의 변동상황을 기록
④ 경영성과나 재무상태를 파악 곤란	④ 경영성과나 재무상태 파악가능
⑤ 소규모 농가에서 사용	⑤ 규모가 큰 농가나 농업법인체에서 사용

오늘날 회계장부는 대부분 컴퓨터를 이용하여 처리하고 있다. 전산회계프로그램을 활용할 경우 농업경영체는 전표만 입력하면 되며 결산까지 거의 자동으로 이루어진다. 하지만 회계장부 처리는 일정한 원리에 따라 작성된다. 일반적으로 복식부기로 회계장부를 일일이 수기로 회계기록을 수행하는 것은 어렵다고 생각할 수 있다. 따라서 전산회계프로그램을 활용하는 것이 보다 편리를 도모하게 될 것이다.

(3) 복식부기와 재무제표

회계처리의 유기적 관련성을 가지고 체계적으로 작성된 회계보고서가 곧 재무제표이다. 가장 기본적인 재무제표로서는 대차대조표(재무상태표)와 손익계산서가 있다. 이는 복식부기의 원리를 중심으로 밀접한 관계성을 가지고 작성되어진다.

〈표 1-3〉 **회계시스템과 복식부기**

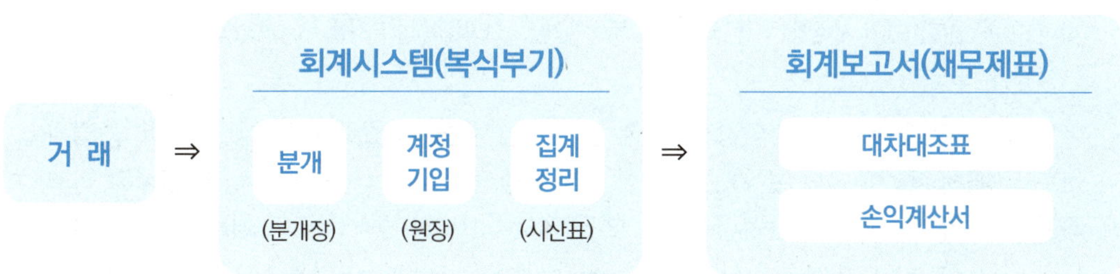

자료 『現代財務會計の エッセンス』, 郡司 健, 中央經濟社, 2017, p3

농업경영에 있어서 직전년도 수입금액이 3억 원 이상인 농가와 제조 및 가공을 하는 6차산업농가의 경우 직전년도 수입이 1억 5천만 원 이상인 경우에는 복식부기

의무자가 된다.[1)]

〈표 1-4〉 **복식부기 회계처리 대상농가**

업 종	수 입 금 액
1. 농업, 임업, 어업 등	직전년도 수입금액 3억 원 이상
2. 제조업, 숙박 및 음식점업 등	직전년도 수입금액 1억 5천만 원 이상

✔ 회계상식 ❷

《복식부기의 탄생》

인간이 모여 사는 그 순간부터 물물교환이 이루어지고, 시장도 형성하기 시작했다. 회계역사도 이때부터 시작되었다고 볼 수 있다. 복식부기는 13세기경 이탈리아 상업도시 베니스, 피렌체와 제노이 등에서 금전 대차 및 물자공급 관리수단으로 사용하던 장부기록방법에 그 기원이 전해지고 있다.

▣ 복식부기를 탄생시킨 루카 파치올리

루카 파치올리(Luca Pacioli, 1447년~1517년)는 이탈리아의 수학자, 프란치스코회 수도사다. 레오나르도 다 빈치의 동료이며, 복식부기의 개발자로 근대 회계의 탄생에 지대한 역할을 한 것으로 평가받고 있다. 이때부터 체계적인 회계기록이 시작되었다고 알려지고 있다.

1494년 파치올리는 '대수·기하·비례 및 비율 총량'이라는 긴 이름을 줄여 『총람(總覽:Summa)』이라는 수학책을 출간하였는데, 이 책은 ①대수와 산술 ②상업산술 ③부기 ④화폐와 교환 ⑤순수기하학과 응용기하학의 5부로 되어 있다. 그 중 3부의 복식부기법(계산 및 기록에 관하여)이 세상에 처음으로 알려지게 됨으로써 복식부기를 소개한 최초의 문헌으로 인정받게 되었다.

이 복식부기를 두고 인류의 경제생활에 찬란한 금자탑을 세웠다고 말하고 있으며, 독일의 문호 괴테는 "인간의 창조물 가운데 가장 위대한 작품"이라고 극찬하였다. 또 영국의 어느 과학자도 "복식부기의 원리는 유클리드 기하학에서 비(比)의 원리와 같이 처음부터 절대적인 원리"라고 말하였다. 이처럼 복식부기는 회계처리에 있어 불멸의 원리를 창안하였다고 칭송하고 있다.

1) 소득세법시행령 제208조 제5항 제2호

그의 책은 16세기에 이르러 이탈리아 전역은 물론, 독일어, 프랑스어, 네덜란드어 및 영어 등으로 번역 소개되어 유럽 전역에 복식부기를 전파시켰고, 이로부터 상거래에는 복식부기가 공통적으로 널리 쓰이게 되는 결정적 계기를 만들었다.

▣ 우리나라 최초 복식부기, 「사개송도치부법」

우리나라에서도 복식부기형태가 일찍이 발전하여 왔다는 사실이 밝혀지고 있다. 바로 고려시대의 개성상인들이 사용한 「사개송도치부법(四介松都治簿法」이다. 일명 '송도부기' 또는 '개성부기'라고도 한다. 장부조직은 봉차(자산) 1개, 급차(부채) 1개, 이익1개, 손해1개로서 이루어졌으며, 이처럼 부기의 조직이 모두 4개라는 데서 사개치부법이라는 이름이 생겨났다. 이 부기법은 오늘날 우리가 사용하는 서양의 복식부기와 근본 원리가 같아 일찍부터 국제학계의 주목을 받아왔다.

그런데, 옛날 개성상인들이 19세기 후반부터 25년간 사용한 현대식 복식부기의 회계장부 14권이 발굴되어 한때 화제가 되기도 하였다. 여기에는 1887년부터 1912년까지 인삼재배 및 거래, 목화와 면포 거래, 금융업을 하면서 작성한 회계의 모든 과정이 낱낱이 기록돼 있다. 이는 세계적으로 20세기에 들어서야 현대식 복식부기를 사용했다는 통설보다 앞선 것이어서 우리 민족의 자부심을 느껴볼 만도 하다.

3. 회계의 주요개념

가. 회계의 분류

회계정보이용자는 투자자, 대여자 및 기타채권자 등 외부정보이용자와 경영진과 같은 내부정보이용자로 분류되며, 회계는 이러한 회계정보이용자에 따라 재무회계와 관리회계로 구분한다.

재무회계(financial accounting)는 외부정보이용자의 경제적 의사결정에 유용한 정보를 제공하는 것을 목적으로 하는 회계이다. 즉, 기업의 재무상태, 경영성과 및 재무상태의 변동내용 등에 관한 정보를 제공한다. 재무회계는 다양한 정보이용자의 의사결정에 필요한 공통적인 정보를 제공하기 때문에 일반목적회계라고 하며, 일반적으로 인정된 회계원칙에 따라 재무제표라는 보고서로 공표된다.

관리회계(managerial accounting)는 경영진의 관리적 의사결정에 유용한 정보를 제공하는 것을 목적으로 하는 회계이다. 즉, 경영진의 의사결정 문제와 관련된 개별적이고 직접적인 형태의 정보를 제공하며, 필요성을 지닌 적합한 정보를 제공하기 때문에 특수목적회계라고 한다. 따라서 재무제표와 같은 보고양식이나 일반적인 회계원칙을 필요로 하지 않는다.

한편, 제조기업의 원가계산은 외부보고 목적으로 공시되는 재무제표에 포함될 재고자산 및 매출원가의 결정과 관련이 있으므로 재무회계의 일부이다. 다만, 관리회계가 원가정보에 기초한 의사결정을 중심으로 발전해 왔기 때문에 관리회계에서 제품원가계산을 함께 다루고 있다.

〈표 1-5〉 **재무회계와 관리회계의 차이점**

구 분	재무회계	관리회계
목 적	외부보고목적	내부보고목적
정보이용자	투자자, 채권자 등	경영자, 관리자 등
보고수단	일반목적 재무제표	특수목적 보고서
정보의 성격	신뢰성이 강조	목적적합성이 강조
작성원칙	일반적으로 인정된 회계원칙	기준이 없다.
보고시기	회계기간말 등에 정기적으로 보고	필요에 따라 수시로 보고
정보의 시간성	과거정보	과거, 현재, 미래정보
정보의 범위	기업전체의 정보	부문별, 제품별 정보도 포함

나. 회계단위와 회계기간

(1) 회계단위

기업의 자산·부채·자본의 증감변화와 그 원인을 기록·계산·정리하는 장소적 범위를 회계단위라 한다. 농업경영체의 경우 하나의 회계단위가 원칙이다. 그러나 필요에 따라 농장1과 농장2로 회계단위를 나눌 수 있다.

예시 본점과 지점, 본사와 공장, 농장1, 농장2

(2) 회계기간

기업이 일정한 기간 동안의 경영성과를 계산하기 위하여 6개월, 1년 등으로 인위적으로 구분한 기간을 회계연도 또는 회계기간이라 한다. 이는 정보이용자의 욕구를 충족시키기 위해서이기도 하다. 대부분 1월1일부터 12월 31일까지이다. 필요에 따라 6개월 또는 더 적은 기간으로 설정할 수 있다. 다만 제규정에서 정한 회계기간을 준용토록 해야 한다.

농업회계의 경우 영농기간에 따라 회계기간을 설정하는 방법을 활용할 수 있다. 다만, 외부 이용자의 편의와 다른 농업경영체와의 비교가능성을 높이기 위하여 1월1일부터 12월 31일까지 회계기간을 설정하는 경우가 많다.

≪회계기간≫

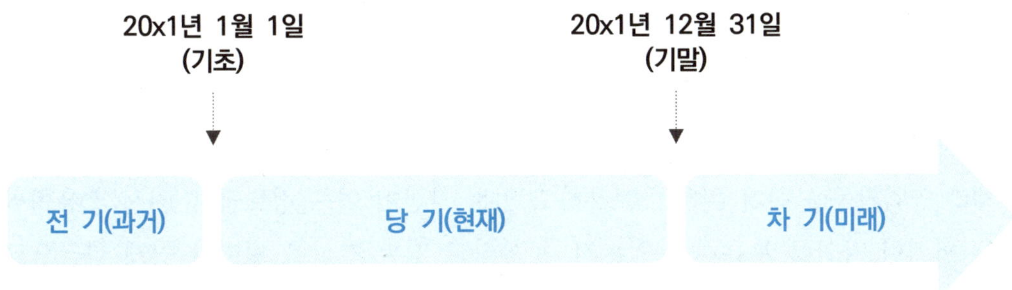

《회계기간의 종류》

① 기업회계기준에서는 회계기간은 1년을 초과할 수 없도록 하고 있다.

② 법인세법에서도 1년을 초과할 수 없도록 하고 있으나, 법인이 정관에 정한 기간을 1사업연도로 한다.

③ 개인사업자의 경우는 법인과 달리, 소득세법에 의하여 사업연도가 정해지는데 매년 1월 1일부터 12월 31일을 사업연도로 정하고 있다.

다. 기본적 회계보고서

경영체의 기본적 회계보고서로는 재무상태표(대차대조표)와 손익계산서라고 할 수 있다.

(1) 재무상태표(대차대조표) 개념

재무상태표(財務狀態表; Statement of financial position)는 일정시점의 농업경영체의 재정상태, 즉 경제적 상태를 나타내는 용어이다. 재산과 빚 그리고 밑천은 어떠한가를 알 수 있게 만든 표를 '재무상태표'라고 한다. 이는 농업경영체의 재무현황을 나타내기 때문에 '재무상태표'라고 말한다. 즉 경영자본이 어떻게 조달되었고, 어떻게 운용되고 있는가를 나타내게 된다. 따라서 재산의 변화는 재무상태표에 자연적 나타나게 된다. 농업회계에서 재무상태는 자산·부채 및 자본으로 구성되고, 이들 요소들의 구성 추이에 의하여 농업경영체의 재무상태의 건전성 여부를 파악할 수 있다.

또한 재무상태표는 특정시점에 기업이 자금을 어디로 부터 얼마만큼 조달하여 이러한 자금을 어떠한 자산에 얼마나 투자하였는지를 보여주는 보고서이다. 즉 농업경영체가 영업활동을 하기 위하여 보유하고 있는 자산이 어느 정도인지, 자산의 유형별로는 어떠한 자산을 보유하고 있는지, 보유하고 있는 자산을 얼마나 쉽게 현금으로 바꿀 수 있는지, 이러한 자산을 취득하기 위하여 다른 사람으로부터 얼마나 자금을 빌렸는지, 농업경영을 하기 위해 경영자가 얼마를 투자하였는지 및 그 동안 농업경영체의 영업활동을 통하여 창출한 이익을 얼마나 유보하고 있는지 등을 보여주는 재무상태표이다.

한국채택국제회계기준(K-IFRS)과 일반기업회계기준에서는 '대차대조표'를 '재무상태표'라고 하고, 중소기업회계기준에서는 「상법」에 따라 '대차대조표'라고 한다. 그런데 농업회계에서는 중소기업회계기준을 따르므로 '대차대조표'라는 용어를 사용하면 되지만, 통상적으로 오늘날 '대차대조표'를 '재무상태표'로 말하고 있으므로 본 저서에서는 '대차대조표'를 '재무상태표'로 병용하여 표기하기로 한다.

<table>
<tr><th colspan="2">재무상태표(대차대조표)
[*농업경영체의 재정상태]</th></tr>
<tr><td rowspan="2">자 산
(자금의 구체적 운용)</td><td>부 채
(제3자로부터 조달)</td></tr>
<tr><td>자 본(순자산)
(소유주로부터 조달)</td></tr>
<tr><td>〈경영체자금의 운용형태〉</td><td>〈경영체자금의 조달원천〉</td></tr>
</table>

(2) 손익계산서 개념

손익계산서(損益計算書, Profit & Loss Statement)는 손익계산서는 일정기간의 경영성과에 대한 정보를 제공하는 재무보고서이다. 즉, 어느 일정한 기간 동안 경영한 결과 얼마를 벌었으며(수익), 얼마를 썼는가(비용)를 한 눈에 볼 수 있게 만든 경영성적표이다. 따라서 손익계산서는 일정기간 동안 발생된 수익과 수익을 얻기 위하여 발생한 비용을 대응시킴으로써 일정기간 동안의 이익을 측정할 수 있도록 한다.

여기서 '일정 기간'은 회계기간을 말하며, 보통 1년을 단위로 하지만 경우에 따라서는 6개월 또는 1개월을 단위로 할 수도 있다. '경영성과'란 일정기간동안 농업경영체가 경영활동을 수행한 결과 나타난 경제적 성과를 나타내는 것으로서 농업회계에서 경영성과는 수익과 비용을 비교하여 파악할 수 있다

손익계산서는 해당 회계기간의 경영성과를 나타낼 뿐만 아니라 농업경영체의 미래 현금흐름과 수익창출능력 등의 예측에 유용한 정보를 제공한다. 손익계산서는 수익과 비용으로 구성된다.

손익계산서 〔*농업경영체의 경영성과〕	
비　　용 (경제가치 감소)	수　　익 (경제가치 증가)
이익(순(純)결과)	
〈경영적 노력〉	〈경제적 효과〉

Ⅱ 농업회계와 회계처리구분

1. 농업회계와 농업경영

가. 농업회계의 의의

농업회계는 농장에서 발생하는 자산 부채 자본 수익 비용의 변동을 기록하고 계산하여 분류·정리·분석으로 재산의 상태와 경영성과인 순이익과 순손실을 파악하기 위한 기법이다. 농업경영자는 농업회계를 통해 재무상태를 비롯한 경영현황을 파악하게 되고 능률적이고 합리적인 의사결정을 하게 된다.

《농업회계 특징》

농업은 토지 등 자연환경을 가지고 생물을 성장시켜 농산품을 생산하는 사업으로 제조업체와는 회계처리 면에서 차이가 있다. 농업회계처리는 농업특성을 수치로 나타내는 과정으로 수확시점의 농산물까지를 대상으로 한다. 즉, 성장하고 있는 작물이나 가축 등 다른 업종의 회계에서 다루지 않는 특유한 부분을 가지고 있다.

나. 농업경영과 회계

어느 지역이나 분야 또는 대상에 관계없이 돈 가는 곳이라면 항상 회계는 따르게 마련이다. 회계는 정확성과 명료함을 가져다주기 때문이다. 또 회계는 의례 짐작하는 대충주의로 일관하는 사고방식을 없애는 중요한 치료도구가 된다. 회계는 모든 것을 정확하게 숫자로 나타내므로 적당주의가 스며들 여지를 주지 않는다.

그리고 회계는 경제 및 경영활동에 관한 유용한 정보를 창출하여 이를 필요로 하는 이용자들에게 전달하고 해석을 해주는 모든 과정을 말한다. 일반적으로 정보를 창출한다는 것은 농업경영체에서 발생하는 많은 사건들 중에서 주요 재무거래를 화폐로 측정하고, 장부에 기록·분류·요약하여 정보를 만들어 내는 것이다.

농업경영도 농사를 효율적이고 적극적인 수익경영으로 영위해 나가기 위해서는 회계에 의한 경영관리는 필수적이다. 특히 생산만을 탈피하여 부가가치를 높이는 6차산업으로 기업화가 되려면 더욱 철저한 회계를 중심으로 한 경영관리가 필요하다. 앞으로 규모화 되고 자본화되는 농장경영일수록 회계관리는 더욱 필요할 뿐만 아니라 영세한 농가일지라도 농업은 하나의 가치창조를 영위하는 경영체이므로 경제적인 계산을 하여야 한다.

농업경영의 경제적 계산도 금전의 입출금을 장부에 기장을 함으로써 가능한 것이다. 농산물생산원가와 제비용을 측정해 보고, 농산물판매대금과의 관계를 계산해보아야 한다. 이에 따라 농업회계를 활용해야 전체 농업경영의 실적과 상태를 평가할 수 있게 되고 거기에 경영전략을 마련해 나갈 수 있다.

(1) 관련 제법규·기준에 따른 당위적 회계처리 의무

농업경영체에 따른 당위적 회계처리의무는 다음과 같이 정리해볼 수 있다.

첫째, 현재 농어업경영체 육성 및 지원에 관한 법률 제21조(사업소득) 제3항에서는 농어업경영 효율화를 위한 지원을 할 때에는 농업회계기준을 활용하는 농어업경영체에 대해 우대할 수 있도록 제정되어있다. 반면, 농어업경영체 육성 및 지원에 관한 법률의 제정으로 융자 및 보조금을 지원받고자 하는 경영체는 경영정보를 등록하도록 의무화되어 있다.

둘째, 기업회계기준 제4호(수익인식) ③항에 의하면, 농산물, 임산물, 가축의 자연적 가치 증가는 기업회계기준을 적용하지 않음에 따라 별도의 농업회계처리가 필요하다. 또한 동기준 제⑩호(재고자산)의 회계적용에 있어 농업, 임업, 축산업, 광업의 재고자산의 대해서도 기업회계기준 적용을 제외한다.

셋째, 현재 농업법인의 경우 재무정보의 제출이 의무화되어 있으며, 농업인의 경우에도 농업종합자금이나 각종 융자금을 받기 위해서는 대출기관이나 보증기관에 의무적으로 재무정보를 제출하도록 되어있다.

넷째, 농업법인과 직전년도 수입금액이 3억 원 이상인 농가와 제조 및 가공을 하는 6차산업 농가의 경우 직전년도 수입이 1억 5천만 원 이상인 경우에는 복식부기의무자가 된다. 그리고 2015년 이후 곡물 및 기타 식량작물을 제외한 작물재배업의 경우에도 과세가 이루어지기 때문에 농업회계의 필요성이 그 어느 때보다 높아졌다.

(2) 농업회계의 효용성

농업경영이라는 개념도 17세기 이후 자본주의 발전에 따라 더욱 강화되고 있다. 독일농업경제학자인 알브레히트 테아(Thäer Albrecht Daniel, 1752~1828)는 "농업이란 식물적 및 동물적 물품의 생산과 그들을 다시 가공하여 이익을 얻고 금전을 획득함을 목적으로 하는 기업"이라고 하였다. 이처럼 농업도 생계위주 경영에서 탈피하여 기업적 경영개념을 가져야 된다고 일찍이 주장해 왔다. 자유무역경제의 체제 흐름으로 개방화가 가속화될수록 농사도 하나의 뚜렷한 비즈니스경영관을 가져야 된다. 현재 농업경영 흐름도 가족농업에서 기업적 농업형태로 전문화·규모화 되고 있으며, 스마트팜의 확산으로 더욱 첨단화되고 있다. 또한 농업인구의 감소와 고령화 현상 등을 감안해볼 때 농업규모화는 더욱 가속화될 전망이다. 그럴수록 농업경영에 대해 기업가적 사고가 필요하다.

따라서 오늘날 농업은 엄연히 하나의 경영체로서 수익성을 높여야 한다. 농사를 짓는 사람을 예전에는 '농민'이라고 하였는데 이제는 '농업인'이라고 말하고 있다.

농사도 하나의 경영체로서 '업(業)'의 개념을 지녀야 한다는 의미이다. '업(業)'에는 전문성, 자립성, 영속성 등의 뜻이 함축되어 있다.

이처럼 농업이 하나의 확고한 경영체로서 존립하기 위해서는 재무적 거래에 대해 회계기장을 하고 거기에 대한 분석을 해야 한다. 이는 경영의 가장 기본적인 절차라고 할 수 있다. 결국 농업회계의 효용성은 농가의 회계정보를 활용한 경영개선으로 농업경영체의 소득증진과 외부의 정보이용자에게 올바른 재무상태와 경영성과를 제공하는데 있다고 볼 수 있다.

농업회계기록의 효용성에 대해서는 다음과 같이 열거해볼 수 있다.

[그림 1-1] **농업회계 효용성**

첫째, 농업회계는 농업경영수지의 정확한 파악을 가능하게 한다. 경영체가 얼마만큼의 수익을 내고 어느 정도 성장하고 있는가에 대해서는 일단 기록이 선행되어야 분석을 할 수 있다. 회계처리자료 없이는 정밀한 경영분석이 어렵게 된다. 특히 오늘날 다양하고 자본집약적 농업경영으로 발전될수록 체계적 경영기록과 분석에 기반한 합리적 경영의사결정이 필수불가결이다. 객관적이고 정확한 부문별·종합적 경영현황 파악은 농업회계가 그 바탕이 된다.

둘째, 농업회계는 농장경영관리와 개선을 가능하게 한다. 수익극대화와 자금흐름 예측이 가능하기도 한다. 그리고 회계자료를 통하여 농산물생산, 신규투자, 경영다각화 등 의사결정이 용이해질 수 있다. 회계는 농장경영을 바로 서게 하는데 분석과 진단의 역할을 하게 된다. 고용인의 노임결정, 농산물판매가격 결정 등도 농업회계처리자료에 의거 판단할 수 있는 근거가 될 수 있다.

셋째, 농업회계는 금융기관으로부터 자금조달이 유리하다. 은행은 농업경영체의 자산상태나 경영성과를 검토한 후 자금을 빌려준다. 객관적인 근거자료 없이는 융자금을 산정하기란 쉽지 않다. 회계관련 장부가 뒷받침이 되면 융자받기가 한결 용이해질 수 있다. 공정한 회계처리는 금융기관으로부터 신뢰성을 얻으며, 여신의 규모와 금리의 산정에 보다 유리한 조건을 제시할 수 있다.

넷째, 농업회계는 정부정책사업에 참여하기가 용이해진다. 행정적 업무처리에는 객관적이고 투명한 근거자료를 요구하는 경우가 많다. 농업경영체 대해서 각종 보조사업이나 융자사업 등 정책적 지원사업이 시행될 경우 농장회계자료는 한결 설득력을 갖게 된다. 또한 회계장부를 바탕으로 효과적 세무조정을 통하여 절세효과와 더불어 주요한 증빙자료가 될 수 있다.

다섯째, 농업회계는 농업경영자, 정부, 투자자, 채권자 등 이해관계자들에게 유용한 정보를 제공하여 합리적인 의사결정에 도움을 줄 수 있다. 회계자료를 통한 농업경영체의 재무적 안정성·성장성·수익성·활동성에 관한 정보제공으로 신뢰성을 얻게 하여 투자기회 확보 등 농가경영의 외연을 넓혀나갈 수 있는 획기적 발전의 기회를 마련해 나갈 수 있다.

이처럼 농업회계는 계획적이고 합리적인 농업경영을 가능하게 하고 수익성 향상과 더불어 농업규모 확대를 꾀할 수 있는 요체가 될 수 있다. 농업회계는 곧 농업경쟁력 강화에 큰 도움이 된다는 것을 알 수 있다.

2. 농업회계의 처리구분

농업회계는 장부기장의 범위에 따라 크게 농가회계와 농업경영회계 부문으로 나누어 회계처리를 적용해 나갈 수 있다.

(1) 농가회계

농가회계는 농가와 농장경영이 하나의 경제단위로 보고 가계부를 포함한 농가경제 전체를 회계처리 대상으로 하는 회계처리방법이다. 이러한 농가회계는 장부기장이나 계산은 단순하고 편리할지는 모르지만 농업경영을 하는데 올바른 경영의사결정을 하는데 어려운 부분이 있다. 일반적으로 단식부기기록의 형태를 취하고 있어 농장의 경영상태를 파악하는데 용이하지 못한 한계점이 있다.

(2) 농업경영회계

농업경영회계는 농가의 가계부문과 농장의 경영부문을 분리 구분하여 순수한 농장경영을 대상으로 농업회계처리를 말한다. 즉, 가계경영과 농업경영의 분리회계처리를 말한다. 예를 들어 토마토농사를 지을 경우, 토마토농사경영분야를 별도로 떼어내어 회계 처리하는 것을 말한다. 축산회계도 역시 가계와 축산업을 분리하여 축산경영을 대상으로 회계 처리하는 것이 정확한 재정상태와 수익을 파악하는데 도움이 된다. 이를 일명 '농업경영체 회계'라고 말하고 있다. 이는 복식부기 원리를 활용하여 회계처리를 하게 된다.

오늘날 농업이 기업화되는 흐름에서 농가의 가계부문과 분리된 농산물 생산부분을 대상으로 하는 농업경영회계 도입이 바람직하다고 할 수 있다. 따라서 농업경영회계는 농장에서의 일정기간 동안 이루어진 경영활동 즉 농장경영에 필요한 재료의 구입, 농산물의 생산, 농산물의 판매 등을 일정한 분류기준에 의하여 집계한 후 재무제표라는 보고서형태로 작성하여 농장경영에 필요한 정보를 얻게 됨을 뜻한다.

무엇보다도 현대농업이 규모화·자본화·전문화되면서 회계의 필요성이 더욱 커지고 있다. 또 외부자금에 대한 수요가 크게 증가하고 있는 현실이다. 농업경영인은 외부환경이나 자원을 효율적으로 활용하여 설정한 경영목적을 달성하기 위해 합리적이고 발전적인 의사결정을 해야 한다.

농업경영의 안정성과 수익성을 보장하기 위해서 주요한 생산수단인 토지를 포함한 제한된 자원을 농산물 등 유기물 생산활동에 효과적으로 배분하여 최대의 효익을 얻는 자원배분 의사결정이 중요하다. 그런데 최선의 대안 선택을 위해서는 일정한 원칙에 입각한 농업회계처리가 전제되어야 한다.

올바른 농업경영회계처리를 통해서 과학적인 의사결정, 기업가 정신을 배양하는 효율적 농업경영이 이루어지도록 해야 한다.

《농업회계처리의 전제조건》

① 가계의 비용·수입과 농업경영의 비용·수입은 구분하여 처리한다.

② 회계의 계산은 일정한 기간적 구분이 필요하다. 농업회계도 기업회계와 마찬가지로 1년 단위(1월1일 ~12월 31일)로 구분하여 처리함이 좋으나, 작목별 영농기간에 따라 다르게 정할 수도 있다.

③ 회계는 금전과 관련되어 이루어지는 것이므로 대농기구, 가축, 생물자산, 영농시설물, 건물 등 자산의 모두를 화폐가치로 나타내어야 한다.

④ 개인농업경영체는 경영과 가계를 분리하여 회계처리 하는 것이 어렵다고 느낄 때가 있다. 이때 가계와 농장경영을 통합하여 회계처리할 경우. 가계에서 발생한 지출을 개인 계정인 '인출금계정'(차변)에 기록한다. 결산 시에는 자본금계정에 대체하는 방식으로 회계 처리한다.

⑤ 농업경영에서 관리활동을 하지 않고도 자연 상태에서 채취하는 경우에는 농업회계처리 대상에서 제외된다. 즉 어업과 같이 자연 상태에서 획득하는 어획물과 임산물 중 산나물 채취, 약초 채취 및 벌목(영림은 관리활동을 필요로 하므로 제외)의 경우에는 농업회계 처리대상에서 제외된다.

✔ 회계상식 ❸

우리나라의 회계기준체계

1. 회계기준체계

현재 우리나라는 세 가지 회계기준을 운용하고 있다. 즉, '국제회계기준', '일반기업회계기준', '중소기업회계기준'이다. 여기에 농업회계의 처리기준이라고 할 수 있는 '농업회계처리지침(가이드라인)'이 제정·활용되고 있다. 각 회계기준의 성격을 보면 다음과 같다.

[그림 1-2] **우리나라 회계기준 운용**

가. 한국채택 국제회계기준(K-IFRS)

우리나라는 국제회계기준과의 정합성을 제고하고 회계정보의 투명성을 높이기 위하여 2011년부터 한국채택국제회계기준(K-IFRS; Korean International Financial Reporting Standards)'을 전면 도입하였다. 한국채택국제회계기준을 적용하는 것은 곧 국제회계기준을 적용하는 것과 동일한 것으로 인정된다. 한국채택국제회계기준을 도입한 후부터 기업회계기준은 크게 한국채택국제회계기준, 일반기업회계기준과 특수분야회계기준으로 분류된다.

한국의 모든 상장기업과 그리고 금융회사는 상장 여부와 관계없이 2011년부터 한국채택국제회계기준을 의무적으로 적용하고 있다. 비상장회사는 한국채택국제회계기준을 적용하지 않고 종전의 「기업회계기준」을 적용하나, 비상장회사가 원할 경우 국제회계기준을 적용할 수 있으며, 일단 한국채택국제회계기준을 적용하면 계속성의 원칙에 따라 계속 적용하여야 한다.

국제회계기준(IFRS)의 제정·운영

글로벌 경영이 보편화되면서 기업뿐만 아니라 기업의 회계정보이용자도 세계화되고 있다. 세계화로 인하여 국제적으로 통일된 회계기준의 필요성이 대두되고 이에 따라 1973년에 영국을 중심으로 하여 세계 각국의 회계전문가들이 런던에 민간단체인 국제회계기준위원회(IASC, International Accounting Standard Committee)를 설립하였다.

IASC는 회원국과 국제기구로부터 계속적인 지지를 받으며 발전하였으며, 2000년에 국제증권감독위원회가 IASC에서 제정한 회계기준을 전 세계적인 단일기준으로 채택함에 따라 국제회계기준(IFRS ; International Financial Reporting Standards)을 도입하는 것이 세계적인 추세로 자리 잡게 되었다.

국제회계기준은 현재 100여 개의 국가에서 사용하고 있다.

《국제회계기준의 특징》

▷ 규정중심이 아닌 원칙중심의 회계기준
▷ 경제적 실질의 강조
▷ 공정가치측정(평가)의 강조
▷ 진실 되고 공정한 견해의 강조
▷ 연결재무제표중심의 공시체계

국제회계기준 적용으로 회계실무도 대폭 진화했다. 특히 종전 회계기준에 비해 역사적 원가활용은 줄고 공정가치가 중요해졌다. 실제로 발생한 거래를 역사적 원가 중심으로 기록하던 종전 회계와는 달리 시가평가에 의한 평가손익을 반영한 포괄손익이 중요하게 부각됐다. 종전의 대차대조표와 손익계산서 명칭도 재무상태표와 포괄손익계산서로 바뀌었다.

나. 일반기업회계기준(K-GAAP)

일반기업회계기준은 '주식회사의 외부감사에 관한 법률'의 적용대상기업 중 한국채택국제회계기준(K-IFRS)에 따라 회계처리하지 아니하는 비상장기업이 적용해야 하는 회계처리기준이다. 이는 한국채택국제회계기준은 종전의 기업회계기준에 비해 회계처리가 어렵고 주석공시사항이 방대하여 기업의 부담이 과중하다는 이유에서 일반기업회계기준을 만들어 비상장기업이 적용할 수 있도록 하였다.

2011년 1월 1일(시행일) 이후 최초로 개시하는 회계연도부터 적용되었다.

다. 중소기업회계기준

중소기업회계기준은 외부감사 대상 주식회사(상장기업 등 포함)나 공공기관이 아닌 주식회사에 적용되는 기준이다. 「상법」에 의해 설립된 주식회사로서 한국채택국제회계기준이나 일반기업회계기준을 채택하지 않은 회사가 이 기준을 적용할 수 있다.

「외감법」의 적용을 받지 않는 중소기업에는 일반기업회계기준도 너무 어렵다는 이유로 중소기업회계기준을 제정하였다. 2014년 1월 1일 이후 최초 시작하는 회계연도부터 적용되었다.

라. 농업회계처리지침(가이드라인)

농업경영체의 농업활동에 대한 회계처리에 통일성과 객관성을 부여하기 위하여 '농업회계처리지침(가이드라인)'을 2014년부터 제정(농촌진흥청)하여 운용하고 있다. 농업회계 가이드라인은 농업경영체의 농업활동과 관련하여 생물자산과 수확물의 회계처리에 적용한다. 다만, 이 회계 가이드라인에서 구체적으로 정하지 아니한 사항에 대해서는 중소기업회계기준에 따른다고 적시되어 있다.

2. 적용대상기업별 회계기준 및 영향력

가. 적용대상기업별 회계기준

각 회계기준에 따른 적용대상기업별 회계기준을 보면 다음과 같다.

〈표 1-6〉 **적용대상기업(경영체)별 회계기준 적용**

회계기준	제정주체	제정년도	적용대상
국제회계기준(IFRS)	국제회계기준위원회	--	국가마다 차이 있음
한국채택국제회계기준 (K-IFRS)	한국회계기준원	2011	상장기업 자발적 채택 비상장기업
일반기업회계기준	한국회계기준원	2011	비상장기업
중소기업회계기준	법무부	2014	중소기업
농업회계처리지침 (가이드라인)	농촌진흥청	2015	농업경영체

나. 회계기준의 영향력

농업회계 가이드라인에서 구체적으로 정하지 아니한 사항에 대해서는 중소기업회계기준에 따른다고 되어 있다. 그러나 중소기업회계기준에 없는 내용에 대해서는 또한 일반기업회계기준을 적용할 수 있다((「중소기업회계기준」, 제3조(회계정책의 선택)). 이처럼 각 회계기준은 상위기준을 적용받는다고 볼 수 있다.

[그림 1-3] **회계기준의 영향력**

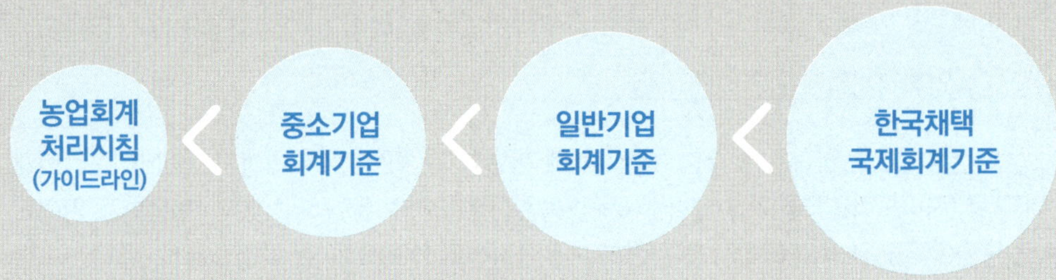

이와 같이 우리나라의 회계기준체계를 보면 농업회계처리도 하나의 커다란 회계원칙 아래서 이루어지고 있음을 알 수 있다. 일반적으로 타당하고 합리적이라고 판단되어 정해진 회계원칙의 틀을 따르고 있다는 것이다.

결국 우리나라의 회계기준체계도 회계정보의 유용성과 기업회계기준의 국제적 정합성을 높이기 위해 많은 노력을 기울이고 있음을 느낄 수 있다. 그 속에서 농업회계처리지침(가이드라인)이 존재하고 있는 것이다.

따라서 농업회계처리도 회계원칙의 본질에 충실하면서 경제적 환경의 변화에 따라 진보하고 변화되어 나아가야 할 것이다.

✔ 회계상식 ❹

회계공준과 일반적 회계원칙

1. 회계공준

회계원칙이 성립하기 위해서는 회계의 구조에 대한 몇 가지 기본적인 전제가 사회적으로 널리 인정된 가정으로 존재하지 않으면 안된다. 기업회계에 있어 이러한 기본적인 전제 내지 가정을 회계공준(公準, accounting postulates)이라고 한다. 즉, 회계공준이란 재무제표의 목적과 일치되기 때문에 일반적으로 인정되는 자명한 진술 또는 공리로서, 이들은 회계가 행해지는 경제적, 정치적, 사회적 및 법률적 환경을 묘사한다. 이것은 경제환경의 변동이나 특수한 사정이 발생하면 변화하는 특성을 지닌다.

가. 기업실체의 공준

이는 기업은 소유주와는 별도의 독립적인 실체가 존재한다는 가정이다. 즉, 기업은 그 기업을 소유하고 있는 소유주와는 별도로 분리·독립된 주체로서의 기업 그 자체가 존재한다고 하는 가정 하에서 회계가 수행된다는 것이다.

나. 계속기업의 공준

이는 기업은 영속적으로 존재하며, 그 기업의 경제활동도 영구히 계속될 것이라고 가정하는 공준이다. 즉, 기업 실체가 자신의 사업, 계약, 진행 중인 활동 등을 실현시킬 만큼 충분히 오랜 기간 동안 영업활동을 계속할 것이라고 생각한다.

다. 회계기간의 공준

이는 계속기업 가정으로부터 파생된 것으로 회계의 측정과 정보전달을 인위적으로 정한 기간간격에 따라 행한다는 가정이다. 즉, 기업의 부(富)가 변동되는 것을 나타내는 재무보고서가 정기적으로 공시되어야 한다고 가정한다.

2. 일반적으로 인정된 회계원칙

'일반적으로 인정된 회계원칙(Generally Accepted Accounting Principles ; GAAP)'이란 다수의 합의 또는 권위 있는 기관의 지지에 의하여 일반적으로 타당하고 합리적이라고 판단되어 정해진 회계원칙을 말한다. 여기에서 '일반적으로 타당하다고 인정된'이라는 것은 회계전문가집단과 이해관계자집단의 합의에 의하여 설립된 회계기준설정기관에 의하여 공식적으로 발표된 회계기준을 말한다.

오늘날 '일반적으로 인정된 회계원칙'의 내용 중 대표적인 것에는 인식기준으로 발생주의, 수익과 비용의 대응, 측정기준으로 원가주의가 있다.

가. 발생주의

발생주의란 수익은 획득(실현)된 시점에서 인식하고, 비용은 발생된 시점에서 인식하는 기준이다.

수익의 실현주의(realization basis)란 영업활동의 전 과정에서 중요한 경제활동이 완료되었다는 결정적 사실이 발생한 시점에 수익을 인식하여야 한다는 기준이다. 일반적으로 수익은 제품 등의 판매 또는 용역의 제공시점에 실현되는 것으로 보는데 이를 판매기준(sales) 또는 인도기준(delivery)이라고 한다.

나. 수익과 비용의 대응

순이익은 일정기간 발생한 수익과 이에 대응하는 비용을 적합하게 관련성을 적용하여 산출한다는 원칙이다. 이는 포괄손익계산서 작성원칙인데, 이익측정의 기본원칙이 되고 있다.

다. 원가주의

재화나 용역에 대하여 취득한 당시의 교환가격, 즉 과거의 교환가격을 평가기준으로 삼는 것을 말한다. 교환이 일어난 당시의 원가를 취득원가 또는 역사적 원가라고 한다. 자산의 취득원가는 보통 매입대금에 부대비용을 가산하여 결정된다.

근년에 이르러 점차 원가주의 대신에 공정가치(fair value)를 측정기준으로 삼는 경향이 나타나고 있다. K-IFRS에서는 공정가치로 평가하는 것을 원칙으로 하고, 객관적 평가가 어려운 항목들은 취득원가로 평가하도록 하고 있다. 여기에서 공정가치란 측정일에 시장참여자 사이의 정상거래에서 자산을 매도하면서 받거나 부채를 이전하면서 지급하게 될 가격을 말한다.

Ⅲ 재무상태표(대차대조표)의 기본구조

1. 재무상태표(대차대조표)의 등식과 작성기준

가. 재무상태표(대차대조표)의 등식

재무상태표는 농업경영체의 일정시점 재산상태를 나타내며 그 내용은 자산, 부채 그리고 자본으로 되어 있다. 농업경영체의 가치관계를 재산, 즉 자산이라고 한다면 이 자산에 대하여 자본을 대립시킨다면 그 관계는 다음과 같은 등식으로 된다. 이것을 재무상태표 방정식이라고도 한다. 그래서 재무상태표에서 자산은 부채에 자본을 합한 금액과 항상 일치한다는 기본적인 특성을 발견할 수 있다.

〈재무상태표(대차대조표) 등식〉

자산 = 부채 + 자본

이 공식의 좌측을 차변(借邊)이라고 부르고, 우측을 대변(貸邊)이라고 부른다. 대차대조표 방정식을 거래의 계산단위인 차변계정과 대변계정으로 기입하여 계정의 약식 형태인 'T계정'으로 나타내 보면 다음과 같이 대차평형의 원리가 성립된다는 것을 알 수 있다.

재무상태표(대차대조표)

차 변(좌측)		대 변(우측)
자 산	=	부채 + 자본

이 차변과 대변의 평형관계는 복식부기의 전체계(全體係)를 일관하는 기본원리이기도 하다.

다음 사례를 통해보면 대변과 차변의 금액이 일치됨을 알 수 있다.

예시 건하농장[2]에서는 영농규모를 확대하기 위해 자본금 ₩200,000,000과 농협에서 ₩100,000,000을 융자받아 토지를 매입하였다.

재무상태표(대차대조표)

20x1년 12월 31일 현재

농장명 : 건하농장 (단위 : 원)

구 분	금 액	구 분	금 액
자 산 (토 지)	300,000,000	부 채 (차입금)	100,000,000
		자 본 (자기자본)	200,000,000
계	300,000,000	계	300,000,000

나. 재무상태표(대차대조표)의 작성기준

재무상태표는 정보이용자들의 이해가능성과 비교가능성을 높이기 위하여 다음과 같이 주요한 작성기준을 준수해야 한다.

(1) 구분표시의 원칙

재무상태표는 자산·부채·자본으로 구분하고, 자산은 유동자산·고정자산으로, 부채는 유동부채·비유동부채, 자본은 자본금·자본잉여금·자본조정 등으로 구분한다.

(2) 유동성배열법의 원칙

재무상태표에 기재하는 자산과 부채의 항목배열은 현금화가 제일 빠른 순서에 따라 배열하는 유동성 배열법에 의함을 원칙으로 한다. 유동성이란 현금화속도를 의미한다.

일반적으로 재무상태표일 현재로부터 1년 이내 현금화되는 자산을 유동자산으로 분류

2) 본서에서 말하는 「건하농장」, 「효주농장」은 가상의 농장임.

하고, 재무상태표일 현재로부터 1년 이내 상환하여야 할 부채를 유동부채로 분류한다.

예시 비유동부채인 장기차입금 중 상환기간이 1년 이내로 도래한 부채는 유동부채로 재분류하며, 이를 유동성장기부채라 한다.

(3) 총액주의의 원칙

자산, 부채 및 자본은 총액으로 기재함을 원칙으로 하고, 자산, 부채 및 자본항목을 상계함으로써 그 전부 또는 일부를 재무상태표에 제외해서는 안 된다. 다만, 다른 기준에서 요구하거나 허용하는 경우에는 예외로 한다.

예시 자산항목과 그 자산의 차감항목(자산의 평가충당금) 또는 부채항목과 그 부채의 차감항목(사채할인발행차금) 및 자본항목과 그 자본의 차감항목(자본조정)은 직접 상계하여 순액으로 표시하지 않는다.

(4) 잉여금 구분의 원칙

잉여금은 기업의 영업활동의 결과인 이익잉여금과 주주와의 거래에서 발생한 자본잉여금과는 구분하여야 한다. 즉, 자본거래에서 발생한 자본잉여금과 손익거래에서 발생한 이익잉여금은 혼동하여 표시해서는 안 된다.

(5) 미결산항목 표시의 원칙

가지급금 또는 가수금 등의 미결산항목은 그 내용을 나타내는 적절한 과목으로 표시하고, 대조계정 등의 비망계정은 대차대조표의 자산 또는 부채항목으로 표시해서는 안 된다.

2. 재무상태표(대차대조표)의 양식과 구성

가. 재무상태표(대차대조표)의 양식

재무상태표의 작성양식에는 계정식과 보고식이 있다. 계정식은 계정 왼쪽에는 자산에 속하는 항목을, 계정 오른쪽에는 부채와 자본에 속하는 항목을 나타내는 방식을 말한다. 이와는 달리 자산은 위에, 부채와 자본은 그 아래에 연이어 나타내는 방식을 보고식이라고 한다.

재무상태표의 머리부분에는 ①경영체의 명칭, ②재무제표의 명칭인 '재무상태표', ③재무상태표의 기준일이 되는 특정일자가 명시되어야 한다. ④금액단위를 표시해야 한다.

(1) 계정식

재무상태표(대차대조표) 방정식인 '자산 = 부채 + 자본'을 기본으로 하여 차변의 자산합계액과 대변의 부채 및 자본의 합계액을 각각 좌우로 대립시켜 표시한 것을 말한다. 이 계정식은 자산, 부채, 자본을 서로 대조하기에 적당하므로 일반적으로 많이 사용하고 있다.

계정식재무상태표를 예시하면 다음과 같다.

계정식

재무상태표(대차대조표)

20x1. 12. 31현재

농장명 : 건하농장 (단위 ; 원)

자 산	금 액	부채 및 자본	금 액
현 금	1,000,000	단기차입금	18,000,000
외상매출금	3,000,000	미지급금	5,000,000
수확물	5,000,000	장기차입금	7,000,000
비육가축	8,000,000	자본금	40,000,000
건 물	50,000,000		
대농기구	3,000,000		
합 계	70,000,000	합 계	70,000,000

(2) 보고식

보고식은 '자산 - 부채 = 자본'이라는 자본방정식을 기본으로 하여 계정과목란을 좌측에 금액란을 우측에 놓고 자산, 부채, 자본의 순서로 기입한다. 순재산을 명확히 함과 아울러 이해하기가 편리한 장점이 있다.

보고식

재무상태표(대차대조표)

20x1. 12. 31현재

농장명 : 건하농장 (단위 ; 원)

계 정 과 목	금 액	
〈자산〉		
Ⅰ. 유동자산		17,000,000
(1) 현금	1,000,000	
(2) 외상매출금	3,000,000	
(3) 수확물	5,000,000	
(4) 비육가축	8,000,000	
Ⅱ. 비유동자산		53,000,000
(1) 건물	50,000,000	
(2) 대농기구	3,000,000	
자산총계		70,000,000
〈부채〉		
Ⅰ. 유동부채		23,000,000
(1) 단기차입금	18,000,000	
(2) 미지급금	5,000,000	
Ⅱ. 비유동부채		7,000,000
(1) 장기차입금	7,000,000	
부채총계		30,000,000
〈자본〉		
Ⅰ. 자본금		40,000,000
(1) 자본금	40,000,000	
(2) 당기순이익	0	
자본총계		40,000,000
부채와 자본합계		70,000,000

나. 재무상태표(대차대조표)의 구성

자 산

(1) 자산의 의미

회계에서 사용하는 자산이란 용어는 우리가 흔히 쓰고 있는 재산이라는 말과 비슷하다. 재산이란 현금 땅 건물 자동차 등과 같이 각종의 유무형의 법적인 권리 등의 금전적 가치가 있는 모든 물건 및 권리를 의미한다. 즉, 자산계정은 화폐로서 그 가치를 표현할 수 있을 뿐만 아니라 그 소유자가 임의로 처분할 수 있는 사물의 증가와 감소를 처리하는 계정이다. 따라서 농업회계에서 자산이란 현재 농업경영체가 보유하고 있고, 미래에 경제적 수익을 창출할 것으로 예상되는 자원을 말한다.

한편, 회계에서 '재산'이라는 말도 괜찮은데 굳이 '자산'으로 불러야 할 게 무엇이냐고 하겠지만, '자산'에는 재산은 물론 일상에선 재산으로 보지 않는 경제적 권리도 포함된다는 것을 생각해볼 수 있다.

자산(資産)이란?

회계학적 '자산'이란 기업이 과거의 거래 혹은 경제적 사건의 결과 얻게 된, 예상되는 미래의 경제적 효익이라고 정의할 수 있다. 자산으로 재무상태표에 인식하기 위해서는 ①미래경제적 효익이 기업에 유입될 가능성이 높고, ②해당 항목의 원가 또는 가치를 신뢰성 있게 측정할 수 있어야 한다.

자산의 구성은 사업의 성격에 따라 달라지는 경우가 많다. 예를 들어, 벼농사를 짓는 사람은 토지가 중요하다. 유리온실을 가지고 있는 사람은 토지보다 설비가 중요하다. 농사를 조금 짓는 사람은 예금을 하거나 현금을 보유한다. 이처럼 자산의 가치를 어떤 관점에서 보느냐에 따라서 그 가치를 다르게 판단할 수도 있다.

특히 농업의 생물자산 또는 생산물을 자산으로 인식할 때 농업경영체의 자산 가치를 보다 정확하게 반영하기 위해 농업회계처리모범(례)에서는 취득원가기준의 금액 결정방식을 채택하고 있다.

아래 그림은 수확시점의 사과(5kg 1상자)에 대한 각각의 금액 인식방법차이를 비교한 것이다. 생산원가 및 판매가격의 구성관계를 하나의 예시로 표현해보았다.

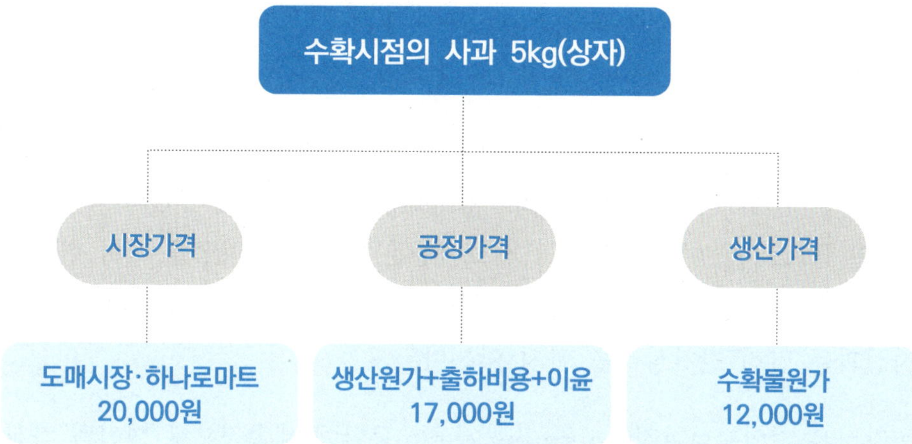

[그림 1-4] **수확물자산의 인식기준**

(2) 자산의 분류

자산의 분류는 다음과 같이 나타내고 있다.

〈표 1-7〉 **자산의 분류**

자산	유동자산	당좌자산	현금, 당좌예금, 보통예금, 외상매출금, 단기대여금, 미수금, 선급금, 미수수익, 선급비용, 출하선급금 등
		재고자산	상품, 제품, 반제품, 재공품, 원재료, 저장품, 수확물, 생장물, 미수확작물, 비육가축 등
	비유동자산	투자자산	투자부동산, 장기투자증권, 장기대여금, 장기예금 등
		유형자산	토지, 건물, 구축물, 기계장치, 차량운반구, 건설중인자산, 영농시설물, 대농기구, 비품, 성숙-생물자산(가축, 식물), 미성숙-생물자산 등
		무형자산	산업재산권(특허권, 상표권, 디자인권, 실용신안권), 저작권, 컴퓨터소프트웨어, 개발비, 임차권리금, 영업권, 광업권, 어업권 등
		기타비유동자산	영업보증금, 장기외상매출금, 장기선급비용, 장기미수금 등

(가) 유동자산

유동자산은 1년 또는 정상 영업주기기간에 현금화되거나 또는 정상적인 경영활동에서 소멸될 자원이다. 즉 보고기간 말부터 1년 내에 현금으로 실현되거나 판매될 자원을 나타낸다. 따라서 당기의 영업활동에 사용하지 않을 자산은 유동자산에 포함되지 않는다.

유동자산은 당좌자산과 재고자산으로 분류한다. 당좌자산은 현금화가 쉬운 현금·예금·채권 등으로 구성된다. 그리고 재고자산은 판매라는 과정을 거쳐 현금화되는 자산으로 상품, 제품, 재공품, 원재료, 수확물, 생산물, 저장품 등이 있다. 유동자산은 고정자산과는 달리 감가상각을 하지 않는다.

유동자산은 경영순환과정(operating cycle)동안에 계속적으로 회전될 자산이라고도 한다. 농업경영활동순환과정이란 농업경영체가 농산물을 생산·수확하여 이를 시장에서 판매한 다음, 현금을 회수하는데 걸리는 기간을 말한다.

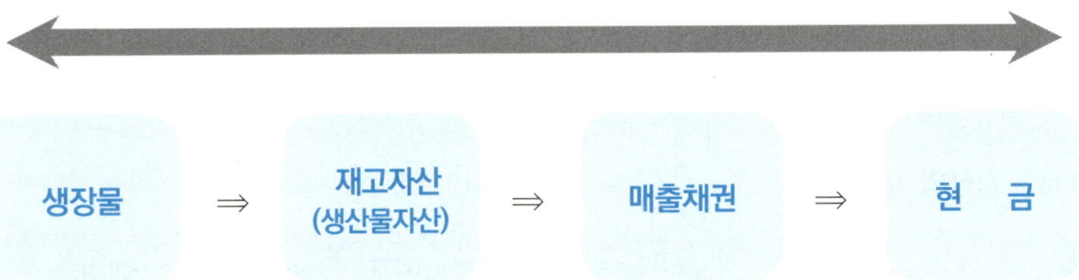

[그림 1-5] **농업경영활동 순환과정**

(나) 비유동자산

비유동자산은 보고기간 말일부터 1년 이상 보유하고 있는 자산을 말한다. 비유동자산은 투자자산, 유형자산, 무형자산, 기타비유동자산으로 분류된다.

① '투자자산'에는 투자를 목적으로 취득한 투자부동산, 투자유가증권, 장기투자증권, 장기대여금, 만기보유증권 등이 있다.

② '유형자산'에는 형태가 보이는 토지, 건물, 구축물, 기계장치, 차량운반구, 건설

중인자산, 대농기구, 비품, 성숙-생물자산(가축·식물) 등이 있다.

③ '무형자산'에는 물리적 형태가 없는 무형의 자산으로 산업재산권, 저작권, 개발비, 컴퓨터소프터웨어, 임차권리금, 영업권, 광업권 등이 있다.

④ 기타비유동자산에는 임차보증금, 장기매출채권, 장기선급비용과 장기미수금 등이 있다.

부 채

(1) 부채의 의미

'부채(負債)' 란 장래 일정한 금액을 남에게 갚아야 할 의무, 즉 '빚'을 말한다. 부채를 보다 정확히 정의하자면, 과거의 거래 혹은 경제적 사건의 결과 미래에 기업이 제공할 것으로 예상되는 경제적 효익의 희생이라고 할 수 있다.

예를 들어 부채란 다른 법인이나 개인에게서 돈을 빌렸던지 아니면 물건을 외상으로 구입하고 돈을 지급하지 않았던지 혹은 남에게 줄 돈을 임시 받아서 있는 경우를 말한다. 경제적 효익을 갖는 자원이 농업경영체로부터 유출됨으로써 이행될 것으로 기대되는 현재의무이다.

(2) 부채의 분류

부채는 만기일의 도래기간에 따라 유동부채와 비유동부채로 나누어진다. 일반적으로 만기일이 1년 이내에 도래하는 부채를 유동부채, 1년 이후에 도래하는 부채를 비유동부채라고 한다.

〈표 1-8〉 **부채의 분류**

부채	유동부채	외상매입금, 단기차입금, 매입채무, 미지급금, 미지급비용, 선수수익, 출하선수금, 미지급법인세, 미지급배당금, 유동성장기부채 등
	비유동부채	장기매입채무, 사채, 장기차입금, 관계회사차입금, 퇴직급여충당부채 등

(가) 유동부채

유동부채란 1년 혹은 농업경영체의 한 경영활동 순환기간 내에 지급해야할 부채를 말한다. 농업경영체의 정상적인 영업주기내에 상환 등을 통하여 소멸할 것이 예상되는 매입채무와 미지급비용 등의 부채이다.

(나) 비유동부채

지불기한 만기가 1년 이후에 도래하는 부채를 일반적으로 비유동부채 또는 고정부채라고 한다. 비유동부채에는 사채, 장기차입금, 관계회사차입금 등이 있다.

자 본

(1) 자본의 의미

자본(資本)이란 농장주 또는 농업경영체가 소유하는 순수한 재산을 말한다. 자본은 또한 자기자본이라고도 한다. 농업경영체가 원래 출자한 밑천과 경영활동의 결과 남은 잉여금을 말한다. 농업경영체의 소유주 지분을 말하며, 자산에서 부채를 차감한 잔여지분이라고도 한다.

(2) 자본의 분류

자본의 구성 중 자본금이나 자본잉여금은 주로 농업경영체의 소유주가 직접 투자한 금액으로 이루어져 있으나, 이익잉여금은 농업경영체의 영업활동의 결과 증식된 부분이다. 이러한 이익잉여금만이 배당의 대상이 된다. 즉, 자본잉여금은 자본거래에서 발생한 잉여금을 나타내고, 이익잉여금은 손익거래에서 발생한 잉여금을 나타낸다.

〈표 1-9〉 **자본의 분류**

자본	자본금	현금, 현물출자금
	자본잉여금	주식발행초과금, 기타자본잉여금(감자차익, 자기주식처분이익 등)
	자본조정	자기주식, 주식할인발행차금, 감자차손, 자기주식처분손실, 해외사업환산손익 등
	이익잉여금	법정적립금, 임의적립금, 미처분이익잉여금(당기순이익)

(가) 자본금

자본금은 경영체의 소유주가 직접 투자한 금액을 말한다.

(나) 자본잉여금

자본잉여금은 자본거래로부터 발생하는 잉여금으로 영업활동과 관련되어 발생되는 잉여금과는 구별된다. 주식회사의 경우 액면금액을 초과하여 주식을 발행할 때 발생되는 주식발행초과금, 감자차익 등으로 구성되어 있다.

(다) 자본조정

자본조정은 자본거래에 해당하지만 자본금 또는 자본잉여금으로 분류할 수 없는 항목과 당기에 손익으로 인식되지 않은 평가차손익의 누계액을 말한다. 자본조정에는 자기주식, 주식할인발행차금, 감자차손, 자기주식처분손실, 해외환산손익 등이 포함된다.

(라) 이익잉여금

이익잉여금은 농업경영체의 경영활동 결과 얻게 된 이익 중 배당으로 유출되지 아니하고 사내에 유보시켜 놓은 금액이다.

〈회계등식〉

〈자산등식〉

자산 = 부채 + 자본

〈부채등식〉

부채 = 자산 - 자본

〈자본등식〉

자본 = 자산 - 부채

Ⅳ 손익계산서의 기본구조

1. 손익계산서의 등식과 작성기준

가. 손익계산서의 등식

수익에서 비용을 빼고 남은 것이 이익이다. 그런데 흔히들 일상적 언어에서 수익과 이익을 동일시하는 경우가 많다. 그러나 회계에서는 수익과 이익이 엄연히 다르다. 수익이 있는 곳에는 비용이 있게 마련이다.

예를 들어보자. 수박을 생산해서 소비자에게 팔면 "매출이 발생했다"고 한다. 매출은 손익계산의 출발점이다. 회계에서 매출은 '수익'항목에 속한다. 매출(수익)에서 수박 생산비와 판매에 들어간 '비용'을 뺀 것이 '이익'이다. 만약 생산과 판매비에 15,000원 들어간 수박을 20,000원에 팔았다면 수익이 20,000원, 비용이 15,000원, 이익이 5,000원이다.

수익 - 비용 = 이익

손익계산서는 '일정한 기간 동안의 경영성과를 나타내는 표'이다. 회계기간 동안 경영체가 생산한 제품을 얼마나 판매하였으며, 생산을 위하여 사용된 비용은 얼마이며, 판매활동 및 경영 관리활동을 위하여 지출한 비용은 얼마인지를 보여주는 경영성적표이다.

일정한 회계기간의 총수익과 총비용을 비교하여 순이익 또는 순손실을 표시하는 손익계산서등식은 순손익 산출방법의 하나인 손익법등식을 기초로 하여 다음과 같은 등식을 나타낼 수 있다.

〈손익법 등식〉

총수익 - 총비용 = 순손익

따라서 손익계산서는 총수익과 총비용 및 당기순손익으로 구성되어 있다고 말할 수 있다.

손익계산서 등식

총비용 + 당기순손익 = 총수익

예시 건하농장은 20x1년에 현금성자산 ₩5,000,000을 밑천으로 삼아 벼농사를 시작하였다. 부족한 영농자재비를 조달하기 위하여 농협에서 ₩2,000,000을 융자 받았다. 벼를 재배하여 판매한 금액은 ₩10,000,000이 되었다. 벼 재배에 소요된 영농자재비, 노무비, 생산경비 등 총비용은 ₩7,000,000이다.

이를 재무상태표(대차대조표)와 손익계산서로 나타내보면 다음과 같다.

재무상태표(대차대조표)

기말자산 (₩10,000,000)	기말부채 (₩2,000,000) 기초자본 (₩5,000,000)
	당기순이익 (₩3,000,000)

손익계산서

총비용 (₩7,000,000)	총수익 (₩10,000,000)
당기순이익 (₩3,000,000)	

이를 보면 재무상태표상의 당기순이익은 대변에 위치하고 있고, 손익계산서상의 당기순이익은 차변에 위치하고 있음을 알 수 있다. 만약 순손실의 경우에는 재무상태표의 차변에, 손익계산서의 대변에 표시된다.

그리고 재무상태표는 순손익을 총괄적으로 표시하는데 반하여, 손익계산서는 순손익의 내용을 구체적으로 표시한다. 실제 손익계산서에는 총비용과 총수익에 대한 계정과목을 일일이 나타내게 된다.

나. 순손익 측정방법

농업회계에서 회계기간에 발생한 기간손익계산방법에는 재산법과 손익법 두 가지가 있다. 복식부기는 이 두 가지 방법으로 순손익을 계산할 수 있도록 되어있는 것이 특징이다.

(1) 재산법(순자산접근법)

재산법이란 손익항목의 대비 없이 단순히 기초 및 기말의 자기자본을 비교하여 그 차액으로 회계기간의 순손익을 산출하는 방법이다. 즉, 기말자본이 기초자본보다 많을 경우에는 그 차액이 순이익이 되며, 기말자본이 기초자본보다 적은 경우에는 그 차액이 순손실이 되는 것이다. 재산법을 최근 순자산접근법이라는 용어로 표현되고 있다. 이는 역시 당기순이익을 자산에서 부채를 제외한 순자산(자본)의 증감액으로 보는 관점으로, 기초 및 기말의 순자산(자본)을 비교하여 재무상태표에서 당기순손익을 계산하는 방법이다.

기말순자산(기말자본) - 기초순자산(기초자본) = 순손익

회계기간 중에 자기자본의 증감이 있었다면 순손익은 다음 방정식에 의해 계산할 수 있다.

기말자본 - (기초자기자본 + 증가 - 감소) = 순손익

(2) 손익법(거래접근법)

손익법은 회계기간 중에 발생한 수익의 합계인 총수익과 비용의 합계인 총비용을 비교 계산하여 순손익을 산출하는 방법이다. 이는 수익과 비용의 차액인 순손익의 내용이 구체적으로 어떤 것인가를 명확히 파악하는데 도움이 된다. 손익법을 최근에는 거래접근법 또는 수익비용접근법이라는 용어로 표현하고 있다. 이 등식은 총수익이 총비용보다 많을 때에는 그 차액이 순이익이 되며 반대로 총비용이 총수익보다

많을 때에는 그 차액이 순손실이 된다.

총수익 - 총비용 = 순이익(순손실)

이와 같이 당기순손익은 대차대조표에 의한 재산법(순자산접근법)과 손익계산서에 의한 손익법(거래접근법)의 어느 방법에 의해서도 산출될 수 있으나, 두 방법에 의해 산출되는 당기순손익의 금액은 일치되어야 한다.

✔ 회계상식 ❺

손익계산서와 포괄손익계산서의 차이점

손익에 관한 재무제표를 한국채택국제회계기준에서는 '포괄손익계산서', 일반기업회계기준에서는 '손익계산서'라고 하는데, 그 표시방법에 차이가 있다. 대부분의 수익과 비용은 당기손익을 구성하지만, 한국채택국제회계기준이 지정한 일부 항목(미실현평가손익)은 당기순손익과는 별도로 기타포괄손익을 인식한다.

포괄손익은 일정기간 동안 주주와의 자본거래를 제외한 모든 거래나 사건에서 인식한 자본의 변동을 말한다. 이 중에서 당기순손익에 포함되지 않는 항목을 기타포괄손익이라고 한다. 기타포괄손익은 미실현평가손익항목으로 해외사업장환산손익·매도가능금융자산평가손익·현금흐름위험회피 파생상품평가손익·자산재평가잉여금·지분법자본변동 등이 있다.

이를 포괄손익계산서의 당기순이익에 가감하여 표시한다. 따라서 포괄손익은 당기순손익과 기타포괄손익누계액으로 구성된다. 기타포괄손익누계액은 당기말까지 누적된 기타포괄손익이다.

결과적으로 한국채택국제회계기준의 〈총포괄손익〉은 당기순이익과 기타포괄손익의 합산으로 표시된다. 포괄손익은 미국회계기준에서는 수년간 사용되어 오던 내용인데 재무제표의 작성과 표시기준서에서 우리나라 회계기준에 처음 도입되었다.

총포괄손익	=	당기순손익	+	기타포괄손익
		[실현손익]		[미실현손익]

한국채택국제회계기준(K-IFRS)에서는 두 가지 방법으로 손익계산서를 표시할 수 있다. 첫 번째는 기존의 손익계산서에 포괄손익이 포함된 포괄손익계산서를 표시하는 방법이다. 두 번째는 기존의 손익계산서와 포괄손익계산서를 따로 표시하는 방법이다. 삼성전자의 경우 손익계산서와 포괄손익계산서를 따로 표시하고 있다.

한국채택국제회계기준(K-IFRS)에서 예시하고 있는 기능별 포괄손익계산서의 구성요소를 반영한 포괄손익계산서 표시내용을 예시해 보면 다음과 같다.

단일포괄손익계산서(기능별)

보고식

포괄손익계산서

20x1년 1월 1일부터

20x1년 12월 31일까지

00주식회사 (단위 : 원)

과 목	금	액
수 익		xxx
매출원가		(xxx)
매출총이익		xxx
판 매 비		(xxx)
관 리 비		(xxx)
영업이익		xxx
기타수익(영업외수익)		xxx
영업외비용		(xxx)
법인세비용차감전순이익		xxx
법인세비용		(xxx)
당기순이익		xxx
기타포괄손익		
자산재평가차익	xxx	
매도가능금융자산평가이익	xxx	
…	…	
…	…	xxx
총포괄이익		xxx
주당순이익		xxx

다. 손익계산서의 작성기준

손익계산서는 일정기간동안 발생한 수익과 비용을 나타내는 보고서로 수익과 비용의 인식시기에 따라 해당기간의 경영성과가 달라지므로 다음의 작성기준을 준수해야 한다.

(1) 발생주의 원칙

모든 수익과 비용은 그것이 발생한 기간에 정당하게 배분되도록 처리해야 한다. 다만 수익은 실현시기를 기준으로 계상하고, 미실현수익은 당기의 손익계산에 산입하지 않음을 원칙으로 한다.

(2) 실현주의 원칙

현금청구권 등의 대가가 획득되는 실현기준과 대가에 대한 의무가 완료(가득기준)되는 시점에 최종적으로 수익을 인식한다.

예시 일반적으로 재화의 인도시점과 용역의 제공완료시점에 수익이 실현되는 것으로 본다. 단, 다음의 경우에는 예외로 인도시점 이전과 이후에 수익으로 인식한다.

- 인도시점 이전(진행기준) : 건설업, 용역매출 등
- 인도시점 이후(회수기준) : 자기할부매출 등

(3) 총액주의 원칙

수익과 비용은 총액에 의하여 기재함을 원칙으로 하고, 수익항목과 비용항목을 직접 상계함으로써 그 전부 또는 일부를 손익계산서에 제외해서는 안 된다.

(4) 수익·비용대응 원칙

수익과 비용은 그 발생원천에 따라 인과관계를 구분하여 각 비용항목은 관련된 수익항목과 대응되는 시점에 인식한다.

예시 비용항목은 해당 수익항목과의 인과관계에 따라 다음과 같이 구분할 수 있다.

- 직접대응 : 수익획득과 인과관계가 성립할 때 비용으로 인식(매출원가, 판매수수료)
- 간접대응(체계적 대응): 직접적인 인과관계가 없지만 해당 기간에 수익창출에 기여한 것으로 판단하는 경우 합리적이고 체계적으로 배분(감가상각비 등)
- 기간대응 : 당기에 발생한 원가가 수익창출과 인과관계가 불명확한 경우 발생 즉시 비용으로 인식(일반관리비, 광고선전비 등)

(5) 구분표시 원칙

손익계산서의 이익은 매출총손익, 영업손익, 영업외손익, 특별손익, 법인세차감전순손익, 당기순손익으로 구분하여 표시한다. 다만 제조업, 판매업, 건설업 이외의 기업에 있어서는 매출총손익의 구분표시를 생략할 수 있다.

〈표 1-10〉 **손익계산서와 농업경영체활동**

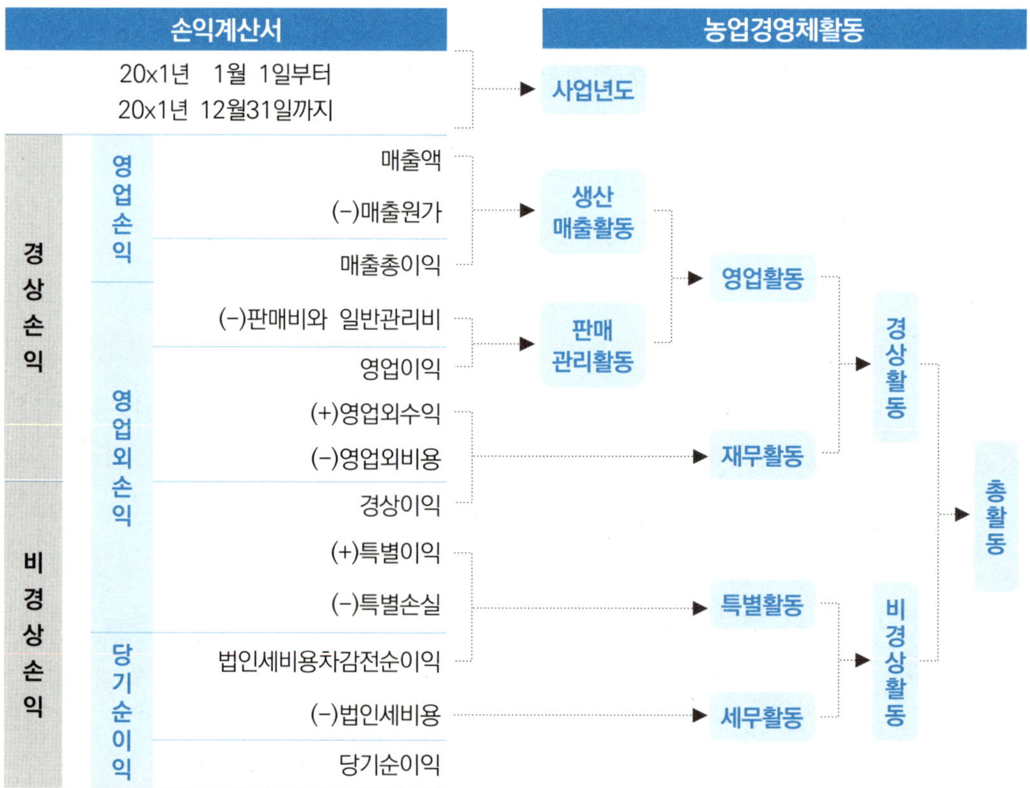

2. 손익계산서의 양식과 구성

가. 손익계산서 양식

손익계산서의 작성형식은 재무상태표와 마찬가지로 계정식과 보고식의 두 가지가 있다. 재무상태표와 다른 점은 손익계산서는 일정시점이 아닌 회계기간을 명시해야 하는 것이다.

(1) 계정식

계정식은 "총비용 + 당기순이익 = 총수익"이라는 손익계산서등식에 따라 차변에 총비용을, 대변에 총수익을 대응시켜 작성하는 것이다. 따라서 당기순이익이 발생하는 경우에 차변에, 당기순손실이 발생하는 경우에는 대변에 기입하여 대차(貸借)를 일치시킨다.

계정식

손 익 계 산 서

20x1. 1. 1~ 20x1. 12. 31

건하농장 (단위 ; 원)

차 변	금 액	대 변	금 액
사과생산비용	6,000,000	사과판매수익	10,000,000
당기순이익	4,000,000		
	10,000,000		10,000,000

(2) 보고식

보고식은 "총수익 - 총비용 = 당기순이익"이라는 손익법등식에 따라 총수익과 총비용을 대차(貸借)로 대응시키지 않고 총수익과 총비용을 상하로 기입, 차감하여 순손익을 계산하는 형식이다. 즉, 보고식은 수익을 먼저 열거하고 이어서 비용을 차감하면서 당기순손익에 도달하는 과정을 나타내는 방법이다.

보고식

손 익 계 산 서

20x1. 1. 1~ 20x1. 12. 31

건하농장 (단위 ; 원)

계 정 과 목	금 액
사과판매수익	10,000,000
사과생산비용	6,000,000
당기순이익	4,000,000

나. 손익계산서 구성

수 익

(1) 수익의 의미

수익(收益)이란 일정기간 농업경영체의 주된 영업활동인 농축산물의 판매나 용역의 제공 등의 대가로 발생한 경제적 효익의 증가분을 말한다. 수익은 자산의 증가나 부채의 감소를 수반하게 되고, 궁극적으로 자본을 증가시킨다. 농산물의 판매, 농작업을 하고 받은 수수료, 이자수익과 같이 농업경영체의 자본을 증가시키게 된다.

수익이 발생하면 손익계산서계정의 대변에 기입하고 이에 따라 잔액은 항시 대변에 발생하며 수익의 현재액을 나타낸다. 따라서 농장의 영업활동결과 수익이 발생은 곧 자본의 증가를 가져오는 원인이 된다.

(2) 수익의 분류

수익은 일반적으로 영업수익과 영업외수익으로 구분할 수 있다. 영업수익은 영농활동과 관련하여 발생한 주산물과 부산물에서 얻은 수익이며, 영업외수익은 영농활동 이외의 활동에서 얻은 수익을 말한다.

〈표 1-11〉 **수익의 분류**

수익	매 출 (영업수익)	농산물매출액(농산물판매수익, 축산물판매수익), 부산물매출 등
	영업외수익	수수료수익, 이자수익, 임대료, 잡이익, 유형자산처분익, 정부보조금, 이전수입 등

✔ 회계상식 ❻

수익(revenue)과 수입(receipt)

수익은 영업활동을 통해서 순자산이 증가하는 것을 의미하고 수입은 현금을 수령하는 것을 뜻한다. 즉, 수입은 '현금'이 들어왔다는 의미가 강하다.

예를 들어, 외상으로 상품을 판매하는 경우에 현금을 수령하지 않았더라도 순자산이 증가하는 결정적인 사건이 발생하였으므로 발생주의에서는 수익을 인식한다. 즉 발생주의는 현금의 수입시기에 관계없이 실제로 수익을 실현한 시기를 기준으로 수익을 기록하는 방법이다. 그러나 현금주의에서는 현금을 수령하지 않았으므로 수익으로 처리하지 않는다. 회계에서 용어표현은 수익과 수입처럼 이렇게 미묘한 차이를 나타내고 있다.

비 용

(1) 비용의 의미

비용(費用)이란 수익을 얻기 위하여 희생된 경제적 대가를 말한다. 즉, 비용은 인건비, 농약대금, 자재대금과 같이 수익을 실현시키기 위하여 지출한 비용을 말한다. 비용은 자산의 감소 또는 부채의 증가를 수반하여 궁극적으로 자본이 줄어든다. 즉, 비용이란 수익을 얻기 위하여 농업경영체가 소비한 재화나 용역으로 소멸된 원가를 말한다. 이는 경제적 효익의 유출이라고 할 수 있다. 소멸된 원가가 당기의 사업활동과 관련되어 수익에 공헌하지 못한 것을 손실이라고 하는 것과는 구분된다. 비용은 현금 지출 유·무와 관계없이 발생주의원칙에 따라 비용으로 인식한다.

비용계정은 비용이 발생하면 손익계산서계정의 차변에 기입한다. 따라서 잔액은 항시 차변에 발생하고 비용의 현재액을 표시한다. 특히 농업에서는 농산물원가를 계산하는 경우에는 비용 중에서 농산물 생산관련비용(원가)을 구분하여 회계처리한다. 그러나 소규모의 농장에서는 원가계산을 도입하지 않는 경우가 대부분이다. 이러한 경우는 비용계정으로 회계처리하면 된다. 하지만 농업법인체 또는 축산업의 경우는 원가계산을 도입하는 것이 바람직한 방법이다.

(2) 비용의 분류

비용분류는 농산물생산비와 판매비와 관리비, 영업외비용, 법인세비용으로 구분할 수 있다. 농산물생산비는 농산물 생산과 관련된 비용이며, 판매비와 관리비는 농산물의 판매활동과 일반적인 관리비용이다. 영업외비용은 주된 영농활동 이외의 활동에서 발생한 비용이다. 법인세비용은 법인이 결산 후 부담하는 국세 및 지방세이다.

〈표 1-12〉 **비용의 분류**

비용	매출원가 (농산물생산비)	종묘비, 가축구입비, 교배비, 비료비, 사료비, 농약비, 진료약품비, 작업의류비, 소농기구비, 기타재료비, 고용비, 광열동력비, 용수사용료, 위탁료, 감가상각비 등
	판매비와 관리비	급여, 퇴직급여, 복리후생비, 보험료, 무형자산상각비, 잡비, 광고선전비, 교육훈련비, 차량유지비, 도서인쇄비, 접대비, 임차료, 통신비, 운반비, 세금과공과, 소모품비, 수도광열비, 수선비, 여비교통비, 대손상각비, 포장비, 보관료, 견본비, 회의비, 판매수수료 등
	영업외비용	이자비용, 수수료비용, 기부금, 유형자산처분손실, 잡손실 등
	법인세비용	-

V 거래의 의의와 결합관계

1. 거래의 의의

일반적으로 회계상의 거래(去來: transaction)는 자산, 부채, 자본의 증감변화 및 수익, 비용을 발생하게 하는 모든 활동을 말한다. 즉, 농업회계의 거래란 농업경영체의 자산·부채·자본 또는 손익의 증가를 가져오는 금전과 관련된 사건을 말한다. 반드시 화폐금액으로 측정할 수 있어야 한다.

농업경영활동과 관련하여 발생하는 수많은 사건 중에서 어떤 사건이 거래에 해당하는가를 판단하는 일은 회계에 있어서 매우 중요한 일이다. 왜냐하면 거래는 회계처리의 주요단계인 분개를 해야 하며, 거래가 아닌 것은 회계처리인 분개를 하지 말아야 하기 때문이다. 회계상의 거래와 분개는 상호 인과관계에 놓여 있다.

따라서 회계상의 거래는 주문, 계약체결, 담보제공 등 일상생활에 쓰이는 사회통념상의 거래와 다르다. 예를 들면, 농장의 임대차계약을 맺었을 때 일상생활에서는 거래라 하지만, 계약만으로는 자산, 부채, 자본의 증감변화가 발생하지 않기 때문에 회계상 거래라 하지 않는다.

반면에 축사가 화재로 소실되거나, 현금의 분실, 배합사료의 도난 등은 일상생활에서는 거래라 하지 않지만 이들은 자산의 감소를 초래하였기 때문에 회계에서는 거래라 한다. 회계상의 거래와 사회통념상의 거래를 좀 더 알기 쉽게 비교하기 위해 다음과 같이 예시해 본다.

〈표 1-13〉 **회계상의 거래와 사회통념상의 거래**

사회통념상의 거래	회계상의 거래 ∩ 사회통념상의 거래	회계상의 거래
0 현금거래가 없는 농장 등의 임대차계약거래 0 고용계약 0 근저당권의 설정계약 0 천연 임산물의 채취	**0 영동자재의 구입 0 농작업 인건비 지급 0 농산물의 판매 0 농지, 건물의 매매**	0 축사의 화재 0 농산물의 도난 0 생장물의 감가상각 0 건물의 감가상각

2. 거래의 8요소와 종류

가. 거래의 8요소

회계상의 거래는 반드시 두 가지 이상의 요소가 서로의 원인과 결과로서 결합되어 있는데 이를 거래의 결합관계라고 한다. 따라서 차변금액의 합계와 대변금액의 합계는 항상 일치해야 한다.

차변에 기입하는 요소는 자산의 증가, 부채의 감소, 자본의 감소, 비용의 발생이며, 대변에 기입하는 요소는 자산의 감소, 부채의 증가, 자본의 증가, 수익의 발생이라는 8요소로 결합된다. 이를 거래의 8요소라고 한다.

분개는 모든 원인과 결과가 있다는 거래의 이중성으로 인하여 차변(왼쪽)과 대변(오른쪽)으로 나누어 장부에 기록을 한다. 이때 장부의 왼쪽인 차변과 오른쪽인 대변으로 구분하여 거래의 원인과 결과를 기록하게 된다. 이러한 거래의 이중성은 '거래 8요소의 결합' 관계로 나타나게 된다.

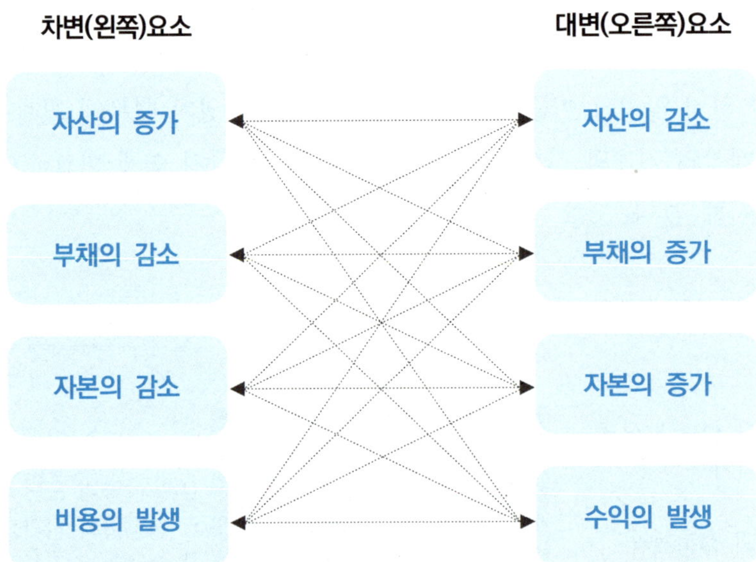

[그림 1-6] **거래 8요소의 결합관계**

〈거래 8요소의 결합사례〉

거래의 결합관계에 대해 몇 가지 예를 들어보면 다음과 같다.

① 자산의 증가에 따른 거래 [예]

○ 자산의 감소 (트랙터 농기계를 현금으로 매입하다)

(차변) 대농기구　　　　　　　　(대변) 현금

○ 부채의 증가 (경운기를 외상으로 매입하다)

(차변) 대농기구　　　　　　　　(대변) 미지급금

○ 자본의 증가 (출자금을 현금으로 납입 받다)

(차변) 현금　　　　　　　　(대변) 자본금

○ 수익의 발생 (출생한 토끼를 현금으로 판매하다)

(차변) 현금　　　　　　　　(대변) 축산물판매수익

② 부채의 감소에 따른 거래 [예]

○ 자산의 감소 (농기계 외상대금을 현금으로 상환하다)

(차변) 외상매입금　　　　　　　　(대변) 현금

○ 부채의 증가 (농협에서 대출하여 신협대출을 상환하다)

(차변) 차입금　　　　　　　　(대변) 차입금

○ 자본의 증가 (경영주의 가수금을 출자금으로 전환하다)

(차변) 가수금　　　　　　　　(대변) 출자금

○ 수익의 발생 (농기계대금을 먼저 상환하여 매입할인을 받다)

(차변) 미지급금　　　　　　　　(대변) 매입할인

③ 자본의 감소에 따른 거래 [예]

○ 자산의 감소 (탈퇴조합원의 출자금을 현금 반환하다)

(차변) 출자금　　　　　　　　(대변) 현금

○ 부채의 증가 (탈퇴조합원의 출자금을 차입금으로 대체하다)

(차변) 출자금　　　　　　　　(대변) 차입금

○ 자본의 증가 (이익잉여금을 출자금으로 대체하다)

(차변) 이익잉여금　　　　　　　　(대변) 출자금

○ 수익의 발생 (무상으로 자본금을 감자하다)

(차변) 자본금 (대변) 감자이익

④ 비용의 발생에 따른 거래 [예]

○ 자산의 감소 (판매수수료를 현금으로 지급하다)

(차변) 수수료비용 (대변) 현금

○ 부채의 증가 (차입금통장의 결산기에 이자를 원가하다)

(차변) 이자비용 (대변) 차입금

○ 자본의 증가 (직원의 급여를 출자금으로 전환하다)

(차변) 급여 (대변) 출자금

○ 수익의 발생 (차입금의 이자비용을 대여금의 이자수익으로 상계하다)

(차변) 이자비용 (대변) 이자수익

나. 거래의 종류

거래는 발생원천에 따라 내부거래와 외부거래로 분류되며, 현금의 수입과 지출의 여부에 따라 현금거래와 대체거래로 분류한다. 또한 손익발생여부에 따라 교환거래·손익거래·혼합거래로 분류한다.

(1) 외부거래와 내부거래

외부거래란 농업경영체와 거래처의 거래로 여기에는 구입거래와 판매거래가 있다. 반면에 내부거래란 기업의 내부에서 재화나 용역이 이동한 거래로 본사와 지사간의 거래, 제조활동에서 일어나는 재화의 변환과정에서 발생하는 거래가 이에 해당한다.

(2) 현금거래와 대체거래

현금거래는 현금의 수입과 지출이 수반된 거래이다. 대체거래란 현금이 수입과 지출이 전혀 수반되지 않거나 일부만 수반되는 거래를 말한다. 이는 현금이 전혀 수반되지 않는 전부대체거래와 현금이 일부만 수반되는 일부대체거래로 나누어진다.

(3) 수익적 거래와 자본적 거래

소비자에게 상품 또는 서비스를 판매하는 거래를 수익적 거래라고 한다. 기업 내에서 이루어지는 거래에는 수익적 거래 이외에도 보통주의 발행, 원재료·비품 등의 구입, 부채의 상환 등과 같은 자본적 거래가 있다. 다시 말해서 수익적 거래란, 기업의 이익잉여금을 증가시키는 거래로서 상품 또는 서비스의 판매와 같이 기업의 경영활동과 관련이 있는 거래를 말한다.

수익적 거래에 대비하여 자본적 거래란, 기업의 이익잉여금의 증감없이 자산, 부채, 자본계정에 변화를 주는 거래를 말한다. 수익적 거래만이 기업의 이익과 직접적으로 관련되어 있기 때문에 경영활동 중에서도 매우 중요한 위치를 점하고 있다.

이처럼 손익과 어떤 관계가 있는가에 따라 교환거래, 손익거래 및 혼합거래로 나누어질 수 있다.

(가) 교환거래

교환거래는 자산과 부채 그리고 자본의 증감만 발생하는 거래를 말한다.

예시
- 비료를 구입하고 대금정산
- 현금으로 소형 분무기를 구입

(나) 손익거래

비용과 수익이 발생하는 거래로 농업경영체의 손익에 영향을 미치는 거래이다.

예시
- 작업인부에 대한 노임을 지급
- 농산물판매 운반비를 지급

혼합거래는 교환거래와 손익거래가 혼합된 거래이다.

(다) 혼합거래

예시 • 차입금 원금 1,000,000원과 이자 20,000원을 현금지급하다.

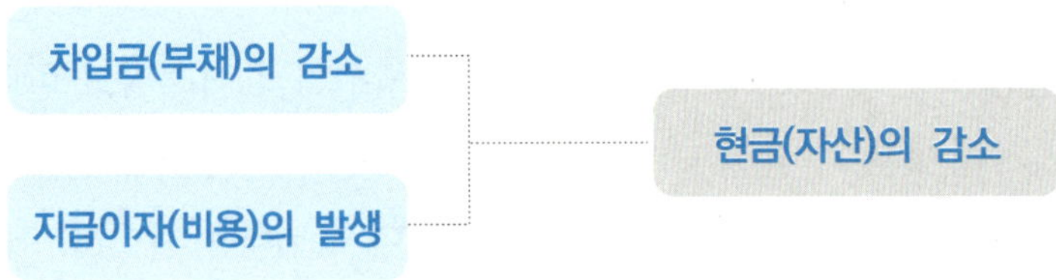

3. 거래의 이중성과 자기검증기능

가. 거래의 이중성과 대차평균의 원리

거래는 반드시 차변과 대변 양쪽에 같은 금액으로 발생한다. 즉, 차변의 거래요소가 발생하면 대변에도 항상 그에 대응하는 같은 금액의 거래요소가 발생하는 것을 거래의 결합 또는 거래의 이중성(二重性)이라 말한다. 대변과 차변에 동등한 금액이 필연적으로 이중으로 기입되는 것은 복식회계의 중요한 원리이기도 하다.

한편 거래의 이중성에 의하여 전체 계정의 차변합계액과 대변합계액은 항상 같게 되는 것을 '대차평균의 원리(principle of equilibrium)'라 말한다. 즉, 거래가 이루어지면 반드시 어떤 계정의 차변과 또 다른 계정의 대변에 똑같은 금액을 기입하므로, 아무리 많은 거래가 계정에 기입되더라도 계정 전체를 통해서 본다면 차변금액의 합계와 대변금액 합계는 반드시 일치하게 된다.

예시 〈1〉 "요소비료 10포대를 현금 300,000원으로 구입하다."하는 거래의 경우, 다음의 두 가지 현상이 발생하게 된다.

① 한편으로는 자산(비료) 300,000원이 증가하고,

② 다른 한편으로는 자산(현금) 300,000원이 감소하게 된다.

〈2〉 "하우스작업 인건비 100,000원을 지급하다"는 거래의 경우, 역시 다음 두 가지 현상이 발생하게 된다.

① 한편으로는 비용(고용비) 100,000원이 발생하고,

② 다른 한편으로는 자산(현금)이 감소하게 된다.

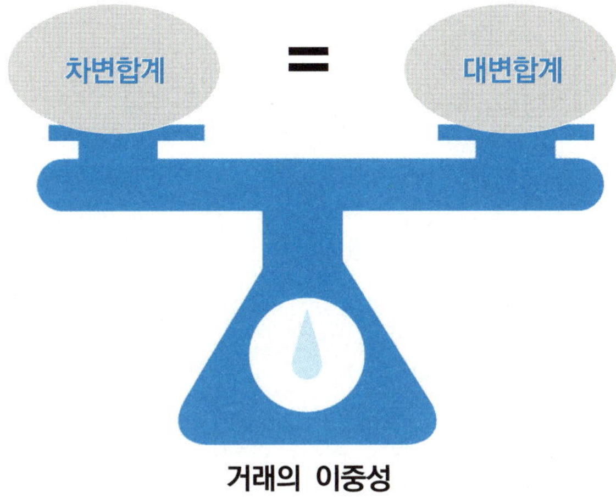

[그림 1-7] **대차평균의 원리**

나. 자기검증기능

대차평균의 원리에 의하여 차변과 대변의 금액은 항상 동일한 금액으로 기장되어야 한다. 만약 일치하지 않으면 기록상 또는 계산상의 오류가 있음을 자동적으로 발견할 수 있다. 이것을 복식회계의 자기검증기능이라고 한다. 단식부기는 이러한 기능이 없다.

따라서 오늘날 회계정보의 산출과정은 복식부기를 전제로 하고 있으며, 복식부기의 원리에 따라 회계시스템에 의해 처리된 정보를 기업의 경영활동에 관심을 가진 정보이용자들에게 전달하는 것이다.

MEMO

CHAPTER

02

회계의 기본처리절차

Ⅰ. 계정의 의의와 기입원칙

Ⅱ. 회계순환과정과 분개

Ⅲ. 전기(轉記)와 장부관리

Ⅳ. 시산표와 정산표 작성

CHAPTER 02

회계의 기본처리절차

I 계정의 의의와 기입원칙

1. 계정의 의의

자산, 부채, 자본의 증감·변화를 일으키는 거래내용을 가치 계산적으로 기록할 때에는 보통의 수학적 형식에 의하지 않고, 반드시 계정이라는 계산양식을 사용한다. 왜냐하면 계정형식에 의해서 기록과 계산을 하면 가장 간결하고 정확하게 할 수 있기 때문이다.

회계거래에서는 자산, 부채, 자본, 수익, 비용을 자세히 구분하여 기장·처리하는데, 이러한 구분을 '계정(account, a/c)'이라고 한다. 이때 계정을 기입하는 장소를 '계정계좌'라고 말하며 계정의 왼쪽을 차변, 오른쪽을 대변이라고 한다. 거래는 모두 계정이라는 특수한 장소에 의하여 기입되어 계산한다. 거래에 대한 각 항목의 증감을 차변·대변의 어느 쪽에 기입하느냐에 대해서는 계정의 종류와 성질에 따라 다르다.

〈계정의 의미〉

計定(계정)이란 단어의 한자 뜻을 풀이해보면, '計(셀계)'와 '定(정할정)'으로 구성되어 있다. 즉, '수를 헤아려 정돈하는 장소'를 의미한다. 영어 account(계정)도 '어떤 사실을 계산하거나 설명하는 것'을 뜻한다. 이를 보면 계정은 '어떤 계산된 사실에 대해 체계적으로 일정한 장소에 정돈한다.'는 의미를 뜻한다고 볼 수 있다.

그리고 계정은 크게 대차대조표계정과 손익계산서계정으로 구분한다. 대차대조표계정은 다시 자산, 부채, 자본계정으로 구성되며, 손익계산서계정은 비용, 수익계정으로 구성되어 있다. 이들 계정에 계산단위로 필요한 자산, 부채, 자본, 수익, 비용에 관한 고유명칭을 부여한 것을 '계정과목'이라 한다. 따라서 계정기입의 목적은 자산·부채·자본의 증감과 수익·비용의 발생·소멸을 기록·계산하여 재무제표를 작성하는 시점에 있어서의 재산상태와 손익현황을 명백히 하는 데 있다.

2. 차변·대변과 계정형식

가. 차변과 대변

회계처리의 모든 계정에서 왼쪽을 차변(借邊, Debt :Dr.)이라 하고, 오른쪽은 대변(貸邊, Credit: Cr.)으로 구분하여 각각 붙인 명칭이다. 즉 가치의 원천(Source of value)을 나타낸 것이 대변(Credit)이며, 가치의 귀결(Destination of value)을 나타낸 것이 차변(Debt)이다. 이 용어의 어미에 대해 언어적으로 생각하면 약간 혼돈을 가져올 수 있다. 하지만 복식부기의 기호(또는 부호)로 받아들이면 될 것이다. 굳이 이 용어의 의미를 부여한다면 차변의 빚(Debt)이란 나의 빚이 아닌 타인의 빚이며, 대변의 꿔줌(Credit)이란 나의 꿔줌이 아닌 타인의 꿔줌이라고 생각해 볼 수 있을 것이다. 차변과 대변의 구분은 단지 회계자료를 편리하게 정리하기 위한 하나의 약속이나 규칙으로서 편의를 위해 정해놓은 것이다. 계정을 차변과 대변으로 나누는 것은 모든 계정에서 증가거래와 감소거래가 발생할 수 있기 때문에, 이러한 증가와 감소를 각각 기록하기 위함이다.

나. 계정의 형식

계정계좌의 형식에는 표준식과 잔액식이 있다. 표준식은 중앙선을 기준으로 왼쪽은 차변, 오른쪽은 대변으로 구분되므로 거래를 기록·계산하는 것이 쉽고 또한 명료하다. 하지만 거래의 결과인 현재액이 얼마인가를 알기 위해서는 양쪽의 합계금액을 조사하지 않으면 안 되는 단점이 있다. 이를 약식으로 표시한 것을 약식계정 또는 T자형계정이라고 한다. 잔액식은 차변란·대변란·잔액란을 두고 써넣는 형식이다. 잔액란에는 차변과 대변의 차액을 써넣게 하여 항상 잔액을 알 수 있는 장점이 있다. 계정계좌 양식은 다음과 같다.

표준식

○○계정

차 변				대 변			
일자	적요	분면	금액	일자	적요	분면	금액

T자형

○○계정

(차변)	(대변)

잔액식

○○계정

일자	적요	분면	차변	대변	차 또는 대	잔 액

3. 계정의 기입원칙

〈계정기입원칙〉

① 자산계정 : 증가는 차변, 감소는 대변에 기입
② 부채계정 : 증가는 대변, 감소는 차변에 기입
③ 자본계정 : 증가는 대변, 감소는 차변에 기입
④ 수익계정 : 발생은 대변, 소멸은 차변에 기입
⑤ 비용계정 : 발생은 차변, 소멸은 대변에 기입

재무상태표계정과 손익계산서계정의 기입방법을 도표로 표시해보면 다음과 같다.

가. 재무상태표(대차대조표)계정의 기입원칙

자산은 재무상태표의 차변에 잔액이 표시되므로 자산의 증가는 이 계정의 차변에 기입되며, 감소는 반대쪽인 대변에 기입된다. 또한 부채 및 자본은 잔액이 대변에 표시되므로 부채 또는 자본의 증가는 이 계정의 대변에 기입되고 감소는 차변에 기입된다.

재무상태표계정의 기입원칙을 요약 표시하면 다음과 같다.

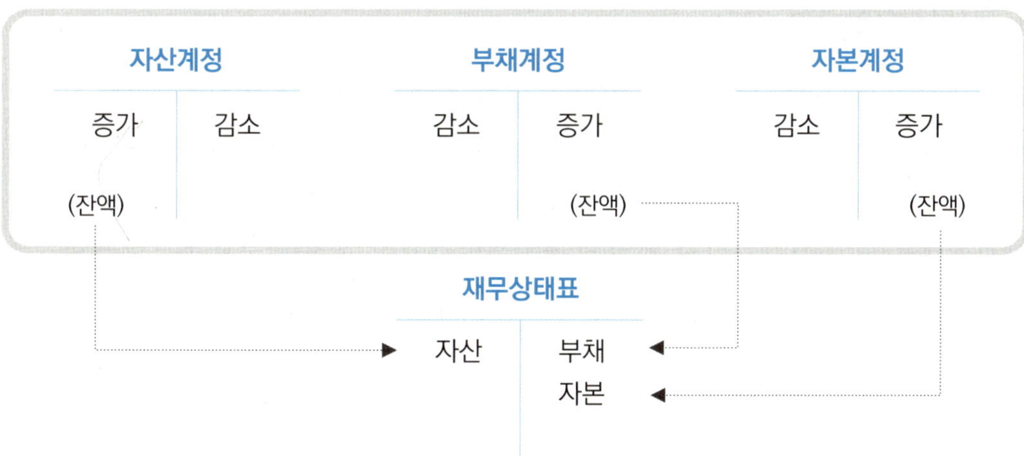

나. 손익계산서계정의 기입원칙

손익계산서의 차변은 비용을, 대변은 수익을 나타낸다. 비용의 발생(증가)은 비용계정의 차변에, 소멸(감소)은 대변에 기입한다. 그리고 수익의 발생(증가)은 수익계정의 대변에, 소멸(감소)은 차변에 기입한다.

손익계산서의 계정기입원칙을 정리하면 다음과 같다.

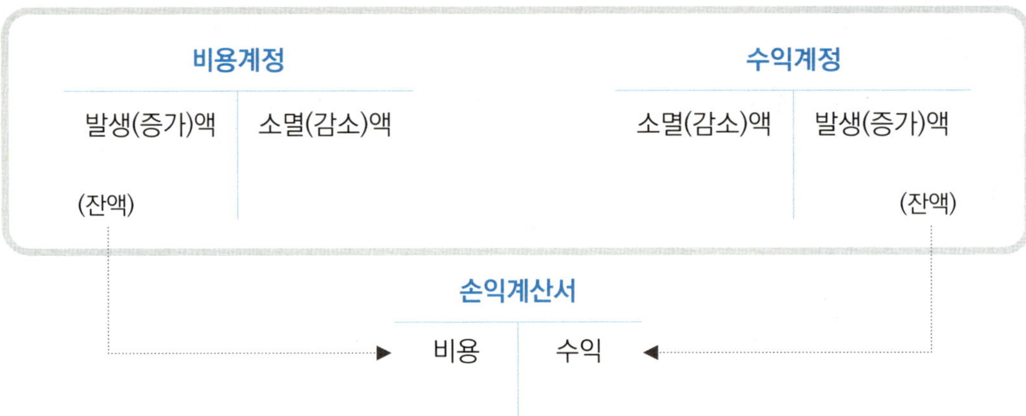

II 회계순환과정과 분개

1. 회계순환과정

농업경영체는 거래의 기록을 출발점으로 하여 재무제표를 작성하기까지의 일련의 회계처리절차를 밟게 되는데, 이러한 일련의 회계처리과정을 회계순환과정(accounting cycle)이라고 한다. 회계기간 중에 회계거래를 기록하고 정기적으로 재무제표를 작성하기 위하여 동일한 회계처리과정을 매 회계기간마다 반복적으로 수행하는 이 회계순환과정을 다음과 같이 단계별로 나눌 수 있다.

1단계 : 거래의 식별

- 농업경영체에서 발생한 사건에 대한 자료를 수집하여 거래만을 식별해 낸다.

2단계 : 거래의 분개

- 거래를 분개하여 분개장에 기록한다.

3단계 : 전기(옮겨 적기)

- 분개장에 분개한 사항을 총계정원장에 설정된 각 계정에 옮겨 적는다.

4단계 : 수정전시산표 작성

- 총계정원장의 각 계정의 잔액을 산출하여 수정전시산표를 작성한다.

5단계 : 기말수정분개

- 발생주의를 적용하여 수정분개를 하고 이를 총계정원장에 전기한다.

6단계 : 수정후시산표 작성

- 기말수정사항을 반영하여 수정후시산표를 작성한다.

7단계 : 장부의 마감

- 총계정원장 등 각종장부를 마감한다.

8단계 : 재무제표 작성

- 재무상태표, 손익계산서, 자본변동표, 이익잉여금(손실금)처분계산서, 주석을 작성한다.

회계처리에 있어 실무적으로는 전산작업을 하는 경우가 대부분이므로 거래시마다 분개(기중 분개)와 기말수정분개만 하면 나머지 절차는 회계프로그램에 의하여 자동으로 수행된다.

2. 분개와 전표처리

가. 분개의 개념

분개(分介)란 거래의 성격에 알맞은 계정을 선택하여 금액과 함께 기록하는 절차이다. 즉, 회계상의 거래가 발생하면 복식회계원리에 따라서 차변항목과 대변항목으로 나누어 장부에 기입하는 방법을 말한다. 우선 계정이 자산, 부채, 자본 등의 어떤 계정인지를 결정하고, 차변과 대변 중 어디에 기입할 것인지를 판단 후에 계정과목에 금액을 기입한다. 분개는 한자로 '나누어(分) 끼운다(介)'는 뜻인데, 올바른 농업회계처리를 하려면 첫 단추를 잘 꿰어야 한다.

〈처리절차〉

① 거래의 식별 ⇒ ② 분개 ⇒ ③ 전기(옮겨 적기)

나. 분개의 순서

분개의 순서는 다음과 같이 4단계로 이루어진다.

▷ 1단계 : 회계상의 거래여부를 판단한다.
▷ 2단계 : 계정과목을 설정한다.
▷ 3단계 : 차변과 대변을 분류한다.
▷ 4단계 : 금액을 확인한다.

예시 농장의 경운기 1대를 ₩5,000,000에 구입하고 대금은 현금으로 지급하다.

① 회계상의 여부 판단 : 자산의 변화 - 경운기 구입(자산 증가), 현금 지출(자산 감소)
② 계정과목 설정 : 경운기는 '대농기구', 현금은 '현금'으로
③ 금액 확인 : 대농기구 ₩5,000,000, 현금 ₩5,000,000
④ 차변과 대변을 분류 : (차변) 대농기구 5,000,000 (대변) 현금 5,000,000

다. 전표처리

(1) 전표의 의의

전표란 농장관련 영수증, 거래명세서, 납품서 등의 거래내용을 일정한 양식에 의하여 간단명료하게 작성한 것을 말한다. 농장회계처리에 있어 가장 기초적인 자료이다. 농장에서 발생한 각종 회계상 거래에 대해서는 일단 전표작성형태로 이루어진다. 이때 거래명세서나 증빙자료에 대해 전산프로그램을 이용할 때 전표는 자동적으로 작성된다. 부가가치세 관련거래는 매입매출전표를 활용하여 부가가치세 예수금(대급금)과 병행처리된다.

(2) 전표의 기능

전표의 기능은 다음과 같다.

① 거래의 전달수단이 된다.

② 전표의 소정란에 담당자가 서명함으로써 책임소재를 명확히 한다.

③ 일기장·분개장의 역할을 하며, 기장업무의 전산화를 시킬 수 있다.

④ 후일 장부기록의 오류정정의 기초자료가 된다.

⑤ 대용전표의 경우 거래의 증빙서역할을 한다.

〈표 2-1〉 **전표거래의 흐름**

(3) 분개전표

거래를 분개와 같이 기입할 수 있게 되어 있는 전표를 분개전표라고 한다. 분개전표는 분개장 대신에 이용되는 전표이다. 거래가 발생할 때마다 전표 1장을 작성하게 된다. 기입방법은 날짜, 차변(왼쪽)과 대변(오른쪽)에 계정과목, 금액을 기입하고 그리고 적요란에 회계처리내용을 간단하게 기록한다.

예시 20x1년 6월 1일에 수확한 양파 10ton(20kg, 500망)을 A회사의 저온저장고에 보관하게 하고 보관료 ₩1,000,000을 체크카드결제로 지급하다.

분 개 전 표

20x1년 6월 1일 No. 7

계정과목	원 면	차 변	계정과목	원 면	대 변
보 관 료		1,000,000	보통예금		1,000,000
합 계		1,000,000	합 계		1,000,000
적 요	양파 10ton, A회사 저장고의 보관료 지급				

(4) 입금전표·출금전표·대체전표

거래는 현금의 수입과 지출이 있는 입금거래와 출금거래, 그리고 현금의 수입과 지출이 없는 대체거래가 있다. 기표를 할 경우 입금거래는 입금전표에, 출금은 출금전표에, 대체거래는 대체전표에 기록한다.

(가) 입금전표

입금전표는 현금의 입금에 대한 거래가 발생시에 작성하는 전표이다. 입금전표는 현금계정의 차변을 의미하므로 대변의 상대계정만을 기입하면 된다. 입금전표는 일반적으로 적색으로 인쇄되어 있다.

예시 20x1년 11월 15일에 생산한 고구마 100kg를 효주상회에 ₩3,000,000에 판매하고 대금은 현금으로 받다.

입금전표

20x1년 11월 15일

과 목	농산물판매수익	거래처명	효주상회
고구마 100Kg 판매(효주상회)			3000000
합 계			3000000

(나) 출금전표

출금전표는 현금에 대한 거래가 발생시에 작성하는 전표이다. 출금전표는 현금계정의 대변을 의미하므로 차변의 상대과목만을 기입하면 된다. 출금전표는 일반적으로 청색으로 인쇄되어 있다.

예시 20X1년 11월 30일에 농장 종업원작업복 1벌을 효주상회에서 구입하고 현금으로 ₩100,000을 지급하다.

출금전표

20x1년 11월 30일

과 목	복리후생비	거래처명	효주상회
종업원 작업복 1벌 구입(효주상회)			100000
합 계			100000

(다) 대체전표

대체전표는 현금의 수입이나 지출이 전혀 발생하지 않는 경우 작성하는 전표이다. 대체전표는 주로 외상거래에 이용된다.

예시 20x1년 12월 1일, 사과(5상자, ₩200,000)외상으로 효주상회에 판매했다.

대체전표

20x1년 12월 1일

계정과목	차변	계정과목	대변
외상매출금	200000	농산물판매수익	200000
적 요	외상으로 판매한 사과대금(효주상회)		

(라) 일부대체전표

일부대체전표는 일부의 현금수지를 수반하는 일부대체거래가 발생할 때에 작성하는 전표를 말한다.

예시 20x1년 8월 1일에 요소비료 100포대를 ₩2,000,000에 효주상회로부터 매입하고 ₩1,500,000은 현금으로 지급하고, 나머지는 외상으로 하였다.

일부대체전표

20x1년 12월 20일

계정과목	차변	계정과목	대변
비 료 비	2000000	현 금	1500000
		외상매입금	500000
적 요	요소비료 100포대 구입(효주상회)		

Ⅲ 전기(轉記)와 장부관리

1. 전기(轉記, posting)와 검증

가. 전기의 의의와 방법

거래가 발생하면 거래발생 순서대로 전표에 기장하고 그 내용을 총계정원장에 옮겨 기입하는 것을 전기(轉記: posting, 옮겨 적기)라고 한다. 각 계정과목에 전기된 내용을 파악함으로써 특정시점의 어떤 계정과목에 대해서 잔액이 얼마인지, 또한 기초부터 특정시점까지의 매출액이나 비용 등이 얼마였는지를 쉽게 파악할 수 있다.

회계처리를 전산화로 실시하는 경우에는 거래내용을 전표에 입력하면 자동으로 전기가 되어 총계정원장이 작성된다. 회계프로그램이나 시스템을 이용하여 회계를 쓰기 때문에 분개와 동시에 전기가 이루어진다. 이때에는 사실 분개와 전기를 구분하는 것이 큰 의미는 없다. 하지만 직접 전기를 해보고 총계정원장을 작성해보면 실제 회계흐름을 파악할 수 있는 이점이 있다.

총계정원장으로 전기하는 방법은 사용하는 회계장부처리 유형에 따라서 달라질 수 있다.

≪총계정원장에 전기하는 방법≫

① 분개장에서 총계정원장으로 계정별로 옮겨 놓는 경우

② 일계표(집계표)를 작성하여 총계정원장으로 전기하는 경우

- 실무적으로 거래가 많을 경우 일계표를 작성하여 한꺼번에 총계정원장에 이기

③ 전표에 의거 일일이 총계정원장에 옮겨 기록하는 경우

일자별로 분개내용을 계정별로 각각 전기하는 방법은 개별전기(個別轉記)라 한다. 그러나 실무편의상 일정기간의 각 계정 증감액에 대한 합계액을 전기하는 방법도 있는데 이를 합계전기(合計轉記)라 한다.

거래가 많을 경우 다음과 같이 일계표를 사용하여 계정과목별로 한꺼번에 집계하여 전기할 수 있다.

〈표 2-2〉 **일계표 양식**

일 계 표

20x1년 월 일

(단위 : 원)

잔 액	합 계	계정과목	합 계	잔 액

발생거래의 분개장에 의거 총계정원장으로의 전기하는 경우, 그 방법을 단계별로 정리해보면 다음과 같다.

① 차변에 있는 계정과목의 금액은 그 계정계좌의 차변에 기입한다.

② 대변에 있는 계정과목의 금액은 그 계정계좌의 대변에 기입한다.

③ 각 계정의 증감원인이나 결과를 표시하기 위하여 적요란에는 상대방 계정과목을 기입한다. 상대계정과목이 2개 이상일 때는 제좌(諸座) 또는 '여러 과목'이라 표시하고 구체적인 계정과목 표시는 생략한다.

④ 분면란에는 분개장의 어느 페이지에서 전기되어 왔는지를 알 수 있게 하기 위하여 분개장의 면수(page)를 기입한다.

☞ 전기(轉記)하는 절차예시를 보면 다음과 같다.

예시 건하농장은 창고를 신축하고 그 공사비 ₩30,000,000을 7월 1일에 현금으로 지급하다.

(차변) 건물 30,000,000 (대변) 현금 30,000,000

위의 분개에서 총계정원장에 이기를 해보면 다음과 같다.

※ 건설가계정계정과목 처리는 건설 공사 중 일부(계약금, 중도금)를 지급하는 경우에 처리한다.

표준식

현 금 계 정

(1)

월	일	적 요	분면	차변	월	일	적 요	분면	대변
					7	1	건물	10	30,000,000

건 물 계 정

(10)

월	일	적 요	분면	차변	월	일	적 요	분면	대변
7	1	현금	1	30,000,000					

나. 전기(轉記)사항의 검증

회계의 기장절차에 있어서 분개장의 분개가 정확하게 총계정원장의 각 계정계좌에 전기가 되었는가 또는 오기, 탈락, 부정 등이 있는가를 검산하여 그 전기의 정확성이 확인되면 총계정원장 기록을 기초로 하여서 결산을 하게 된다.

결산하기 전에 일반적으로 수정전시산표를 작성하게 된다. 이때 전기한 금액은 대차평균의 원리에 의하여 차변누계액과 대변누계액은 상호 일치하여야 한다.

전기사항에 대해 이중검증작용의 관계도식을 표시하면 다음과 같다.

〈표 2-3〉 **전기사항의 이중검증작용**

2. 장부의 종류

가. 회계장부 의의

회계장부란 재무상태나 경영성과를 파악하기 위하여 농업경영체의 활동을 기입·계산·정리하는 장부를 말한다. 회계장부는 회계기준에 따라 작성하여야 한다. 또 장부는 농장경영에도 잘 활용할 수 있는 유용한 근거자료가 될 수 있다. 일정규모 이상이 되면 세법상 보관할 의무도 있다.

> 사업과 관련된 모든 거래사실을 복식부기 또는 간편장부를 통하여 기록, 비치하고 관련 증빙서류와 함께 5년간 보관해야 한다.
> (국세기본법 제85조의 3, 법인세법 제112조, 법인세법 116조)

나. 회계장부의 종류

회계장부는 농업경영체의 운영상 자산과 자본의 증감 변화과정을 기록 계산함에 있어서 복식부기상 필요불가결한 주요한 역할을 하는 장부를 말한다. 주요부에는 분개장과 총계정원장이 있다. 이는 회계처리에 있어 전체를 통제관리하는 장부이기도 하다. 보조부란 주요부 이외의 장부에 대한 총칭이며 주요부를 보조하는 장부를 말한다.

회계처리 장부의 수와 명칭, 그리고 형식은 농업경영체의 성격에 따라 달리할 수 있다.

〈표 2-4〉 **장부의 종류**

장부	주요장부	분개장, 총계정원장	
	보조장부	보조기입장	현금출납장, 매입장, 매출장 등
		보조원장	농산물재고장, 매입처원장, 매출처원장 등

3. 주요장부와 보조장부 관리

가. 주요장부

주요장부에는 총계정원장과 분개장이 있다.

(1) 총계정원장 관리

총계정원장은 농업경영체에서 필요로 하는 자산, 부채, 자본 및 수익, 비용에 속하는 모든 계정을 모아 놓은 장부이다. 총계정원장은 거래를 분개한 후 그 내용을 기입하는 장부로서 원장 또는 총계정원장이라고 한다. 농업경영체의 재무상태와 경영성과를 총괄적으로 표시 정리하는 계정으로 모든 계정과목을 집합하고 있기 때문에 총계정원장이라고 한다. 총계장원장은 주요장부로써 대차대조표와 손익계산서 등의 작성에 기초가 된다.

≪총계정원장의 역할≫

① 모든 계정과목의 증가, 감소, 잔액과 거래내용을 언제라도 알 수 있다.
② 대차대조표와 손익계산서를 작성하는 기본 자료를 제공한다.
③ 농업경영체 전체의 재산상태와 경영성적을 개괄적으로 파악할 수 있다.

총계정원장의 형식은 표준식과 잔액식이 있는데, 주로 표준식을 널리 사용하고 있다.

표준식

○ ○ 계 정

(면수 : 1)

월 일		적 요	분면	차변	월 일		적 요	분면	대변

잔액식원장의 경우 잔액란에는 차변란 합계와 대변란 합계액의 차액을 기입하고, 차변 또는 대변란에는 잔액란의 금액이 차변잔액이면 '차'를, 대변잔액이면 '대'를 기입한다.

잔액식

○ ○ 계 정

(면수 : 1)

월 일		적 요	분면	차변	대변	대·차	잔액

≪작성방법≫

① 총계정원장의 면수 : 일련번호로 된 원장의 쪽수(페이지)를 기입한다.
② 월 일 : 거래의 발생일자를 기입한다.
③ 적요 : 분개 시 나타난 상대계정과목을 기입한다. 상대계정과목이 둘 이상인 경우에는 상대계정과목을 일일이 적는 대신 '제좌' 또는 '여러 과목'이라고 기입한다.
④ 분면 : 해당 거래가 기입된 분개장의 쪽수를 기입한다. 분개장의 쪽수를 기입함으로써 총계정원장에 기입된 내용을 분개장과 쉽게 상호 연결시킬 수 있다.
⑤ 금액 : 해당계정의 금액을 기입한다.

(2) 분개장 관리

(가) 분개장의 의의

분개장(Journal)은 거래발생순으로 기록하는 장부이다. 분개장은 장부 중 최초로 기입되는 장부이기 때문에 원시(原始)기입장이라고도 말한다. 이는 거래를 총계정원장의 각 계정계좌에 전기하기 위한 준비 또는 매개역할을 한다. 따라서 농장에서 발생하는 모든 거래를 발생 순서대로 빠짐없이 대차분개법칙에 따라 차변요소와 대변요소로 분해하여 기장하는 장부이며 회계기록의 출발점이 되는 것이다.

분개장의 형식에는 병립식과 분할식이 있으나, 실무에서는 병립식이 많이 이용되고 있다.

(나) 분개장 기입방법

① 적요란

분개한 계정과목을 (　)로 묶어서 기입하며, 차변 계정과목은 왼쪽 윗줄에, 대변 계정과목은 다음 줄 오른쪽에 기입한다. 이때 대·차계정과목이 2개 이상이면 2개 이상인 계정과목 위에 「제좌」라고 기입한다. 그리고 한 거래에 대한 분개를 하여 계정과목과 금액의 기입이 끝나면 다음 줄에 한 칸의 1/2 정도 작은 글씨로 그 거래의 내용을 간단하게 요약하여 기입한다.

② 원면란

총계정원장의 페이지 숫자 또는 계정계좌의 번호를 기입한다. 이는 분개장에 기입된 내용을 총계정원장과 쉽게 상호 연결시킬 수 있다.

③ 차변란·대변란

차변계정과목의 금액은 차변란에, 대변계정과목의 금액은 대변란에 기입한다. 이때 금액은 적요란에 기입한 해당계정과목과 같은 줄에 기입한다.

④ 각 페이지 마지막 줄의 적요란에는 「다음 면에」 또는 「차면에」라고 기입하고, 대·차 각 합계금액을 계산하여 기입한다. 그리고 다음 페이지의 첫째 줄에 「앞면에서」 또는 「전면에서」라고 기입하고, 앞 페이지의 대·차 합계금액을 차변과 대변에 각각 그대로 기입한다.

⑤ 한 회계기간의 거래에 대한 분개가 모두 끝나면 차변과 대변의 금액란에 한 줄(합계선)을 긋고 대·차의 누계 합계액을 기입한 다음 일자란과 대·차금액란에 두 줄을 긋는다. 이것을 장부의 마감선이라 한다.

분개장을 마감하면 분개장의 차변 합계금액과 대변 합계금액은 대차평균의 원리에 의하여 반드시 일치하며, 그 금액은 한 회계기간 동안의 전체 거래금액을 뜻한다.

예시 6월 1일 건하농장은 A농협 영농자재센터에서 요소비료 10포대를 ₩200,000에 구입하다.

6월 10일 참외 10박스(@10kg)를 ₩500,000에 홍길동상회에 판매하였다. 판매대금 중 ₩100,000은 외상으로 처리하였다.

6월 20일 A농협으로부터 영농자금 ₩1,000,000을 차입하였다.

병립식

분 개 장

(단위 : 원)

월	일	적요	원면	차변	대변
6	1	(비료비) (현금) 비료(10포대)를 현금으로 구입	14 1	200,000	 200,000
6	10	제좌 (생산물) (현금) (외상매출금) 홍길동상회 참외(10박스) 판매	10 1 5	 400,000 100,000	500,000
6	20	(현금) (단기차입금) A농협으로부터 차입	1 21	1,000,000	 1,000,000

분할식

분 개 장

(단위 : 원)

차 변	원면	적 요	원 면	대 변
		6/1		
200,000	14	(비료비) (현금)	1	200,000
		비료(10포대)를 현금으로 구입		
		6/10		
		제좌 (생산물)	10	500,000
400,000	1	(현금)		
100,000	5	(외상매출금)		
		홍길동상회 참외(10박스) 판매		
		6/20		
1,000,000	1	(현금) (단기차입금)	21	1,000,000
		A농협으로부터 차입		

(3) 분개장, 총계정원장, 재무제표 작성예시

건하농장에서 20x1년 5월 1일부터 5월 31일까지 1개월간 거래가 아래와 같다고 할 때 이를 토대로 (1)분개장 (2)총계정원장 (3)재무제표를 작성해본다.

5월 1일 보유하고 있는 정기예금 ₩10,000,000과 단기차입금 ₩5,000,000을 융자받은 후 ₩1,000,000은 현금 보유, ₩4,000,000은 보통예금에 예치하여 농장경영을 시작하였다.

5월 5일 토지(3,000㎡)를 3년 동안 임차하기로 하고 당해 연도 임차료 ₩2,000,000을 체크카드로 지급하였다.

5월 7일 농심상회에서 채소묘종 ₩200,000을 외상으로 구입하였다.

5월 10일 농협에서 비료 ₩100,000을 체크카드로 결제하였다.

5월 12일 축협에서 병아리(100마리) 구입비 ₩70,000과 닭 사료구입비 ₩130,000을 현금으로 지급하였다.

5월 15일 농협에서 장기융자를 받아 경운기 1대를 ₩4,000,000에 구입하였다.

5월 20일 양계장 방충망 수리비 ₩300,000을 신용카드로 지급하였다.

5월 24일 농협에 출하한 양파(100망, @20kg)대금 ₩3,000,000이 농협의 보통예금에 입금되었다. 이 때 외상으로 구입한 채소묘종 ₩200,000을 보통예금에서 지급하였다.

5월 27일 농장의 닭이 생산한 계란(종란) 1,000개(@₩230)를 ㈜보아스마트에 ₩230,000에 외상으로 판매하였다.

5월 31일 경운기구입융자금에 대한 이자 ₩50,000을 현금으로 지급하였다.

(가) 분개장

분 개 장

(1)

월	일	적 요	원 면	차 변	대 변
5	1	제좌 (단기차입금)	8		5,000,000
		(현 금)	1	1,000,000	
		(보통예금)	2	4,000,000	
		(정기예금)	3	10,000,000	
		(자본금)	10		10,000,000
		농장개시			
5	5	(임차료)	12	2,000,000	
		(보통예금)	2		2,000,000
		토지임차료 체크카드 지급			
5	7	(종묘비)	13	200,000	
		(외상매입금)	6		200,000
		농심상회에서 채소묘종 외상구입			
5	10	(비료비)	14	100,000	
		(보통예금)	2		100,000
		농협에서 체크카드로 비료구입			
		다음 면에	✓	17,300,000	17,300,000

분 개 장

(2)

월	일	적 요	원 면	차 변	대 변
5	10	앞면에서	✓	17,300,000	17,300,000
5	12	제 좌 (현금) (병아리구입비) (사료비) 축협에서 병아리, 사료 현금 구입	1 15 16	 70,000 130,000	200,000
5	15	(대농기구) (장기차입금) 경운기(1대)를 장기융자로 구입	4 9	4,000,000	 4,000,000
5	20	(수선비) (미지급금) 양계장 방충망 수선비 신용카드 결제	17 7	300,000	 300,000
5	24	(보통예금) (농산물판매수익)) (외상매입금) (보통예금) 양파출하대금 입금, 외상 채소묘종 구입비 지급	2 18 6 2	3,000,000 200,000	 3,000,000 200,000
5	27	(외상매출금) (축산물판매수익) 계란을 ㈜보아스마트에 외상판매	5 19	230,000	 230,000
5	31	(이자비용) (현금) 경운기구입자금 이자를 현금지불	11 1	50,000	50,000
		5월분 합계		25,280,000	25,280,000

(나) 총계정원장

현　　금

(1)

월	일	적 요	분면	차변	월	일	적 요	분면	대변
5	1	단기차입금		1,000,000	5	12	제좌		200,000
					5	31	이자비용		50,000
		합 계		1,000,000			합 계		250,000

*현금잔액 : ₩750,000

보 통 예 금

(2)

월	일	적 요	분면	차변	월	일	적 요	분면	대변
5	1	단기차입금		4,000,000	5	5	임차료		2,000,000
5	24	농산물판매수익		3,000,000	5	10	비료비		100,000
					5	24	외상매입금		200,000
		합　　계		7,000,000			합　　계		2,300,000

*보통예금 잔액 : ₩4,700,000

정 기 예 금

(3)

월	일	적 요	분면	차변	월	일	적 요	분면	대변
5	1	자본금		10,000,000					

대 농 기 구

(4)

월	일	적 요	분면	차변	월	일	적 요	분면	대변
5	15	장기차입금		4,000,000					

외상매출금

(5)

월 일		적 요	분면	차변	월 일		적 요	분면	대변
5	27	축산물판매수익		230,000					

외상매입금

(6)

월 일		적 요	분면	차변	월 일		적 요	분면	대변
5	24	보통예금		200,000	5	7	종묘비		200,000

미지급금

(7)

월 일		적 요	분면	차변	월 일		적 요	분면	대변
					5	20	수선비		300,000

단기차입금

(8)

월 일		적 요	분면	차변	월 일		적 요	분면	대변
					5	1	제좌		5,000,000

장기차입금

(9)

월 일		적 요	분면	차변	월 일		적 요	분면	대변
					5	15	대농기구		4,000,000

자 본 금

(10)

월	일	적 요	분면	차변	월	일	적 요	분면	대변
					5	1	정기예금		10,000,000

이자비용

(11)

월	일	적 요	분면	차변	월	일	적 요	분면	대변
5	31	현금		50,000					

임 차 료

(12)

월	일	적 요	분면	차변	월	일	적 요	분면	대변
5	5	보통예금		2,000,000					

종 묘 비

(13)

월	일	적 요	분면	차변	월	일	적 요	분면	대변
5	7	외상매입금		200,000					

비 료 비

(14)

월	일	적 요	분면	차변	월	일	적 요	분면	대변
5	10	보통예금		100,000					

병아리구입비

(15)

월	일	적 요	분면	차변	월	일	적 요	분면	대변
5	12	현금		70,000					

사 료 비

(16)

월	일	적 요	분면	차변	월	일	적 요	분면	대변
5	12	현금		130,000					

수 선 비

(17)

월	일	적 요	분면	차변	월	일	적 요	분면	대변
5	20	미지급금		300,000					

농산물판매수익

(18)

월	일	적 요	분면	차변	월	일	적 요	분면	대변
					5	24	보통예금		3,000,000

축산물판매수익

(19)

월	일	적 요	분면	차변	월	일	적 요	분면	대변
					5	27	외상매출금		230,000

(다) 시산표

분개장에서 총계정원장으로 전기가 잘 이루어졌는가를 알기 위해서 다음과 같은 시산표를 작성해 본다. 이때 대차평균의 원리에 의하여 금액이 상호 일치하는가를 검증해보아야 한다.

시 산 표

20x1년 5월 31일

농장명 : 건하농장 (단위 : 원)

차 변	원면	계정과목	대 변
1,000,000	1	현금	250,000
7,000,000	2	보통예금	2,300,000
10,000,000	3	정기예금	
4,000,000	4	대농기구	
230,000	5	외상매출금	
200,000	6	외상매입금	200,000
	7	미지급금	300,000
	8	단기차입금	5,000,000
	9	장기차입금	4,000,000
	10	자본금	10,000,000
50,000	11	이자비용	
2,000,000	12	임차료	
200,000	13	종묘비	
100,000	14	비료비	
70,000	15	병아리구입비	
130,000	16	사료비	
300,000	17	수선비	
	18	농산물판매수익	3,000,000
	19	축산물판매수익	230,000
25,280,000		합 계	25,280,000

나. 보조장부

(1) 보조기입장

보조기입장이란 모든 거래에 대하여 기입하는 것이 아니라 일부의 특수한 거래만을 발생되는 순서대로 기록하는 장부이다. 예를 들어 현금출납장, 매입거래장, 매출거래장 등이 있다.

(가) 현금출납장

현금출납장은 현금의 수입과 지출에 관한 거래를 상세하게 기록하는 보조기입장이다. 따라서 언제나 현금의 현재액을 알 수 있게 한다.

≪현금출납장 작성의 예≫

현금출납장의 예시는 다음과 같다.

잔액식

현금출납장

(단위 : 원)

년 월	일	적 요	수입	지출	잔액
1	1	전기이월	1,500,000		1,500,000
	16	이앙기 구입		1,300,000	200,000
	17	고구마 20박스 매출(○○마켓)	1,000,000		1,200,000
	25	외상영농자재대금 상환(농협)		450,000	750,000
	31	차월이월	2,500,000	1,750,000	
2	1	전월이월	750,000		750,000

≪거래추정≫

- 1월 1일 전년도에서 현금잔액 ₩1,500,000이 이월되었다.
- 1월 16일 ○○농기계로부터 이앙기 1대를 ₩1,300,000에 구입하고 현금지불하다
- 1월 17일 ○○마켓에서 고구마(20박스)를 판매하고 ₩1,000,000을 현금 수입하다.
- 1월 25일 현금으로 농협외상 영농자재대금 ₩450,000을 상환하다.

(나) 매입거래장

매입거래장은 매입하였을 때의 금액과 매입반출품의 금액을 기입하는 장부로서 총계정원장의 기입을 구체적으로 상세하게 거래의 발생순서에 따라서 기재되는 보조기입장을 말한다.

≪매입거래장 작성의 예≫

<u>**매 입 장**</u>

(단위: 원)

년 월 일		적 요	내 용	금 액
8	1	(농협) 체크카드 결제 구입 호미 20개 @₩7,500 농약 제초제 2병 @₩8,900	 150,000 17,800	 167,800
	5	(○○농기계 충청대리점) 이앙기바퀴 2개 @₩120,000		240,000
	17	(농협) 외상 구입 복합비료 10포 @₩11,000 퇴비 20포 @₩4,000	 110,000 80,000	 190,000
	31	당월총매입액 반품액 당월순매입액		597,800 0 597,800
		누 계		597,800

≪거래추정≫

- 8월 1일 농협에서 호미 20개(@₩7,500)과 농약 제초제 2병(@₩8,900)을 체크카드로 결제하여 구입하다.
- 8월 5일 충청농기계대리점에서 이앙기바퀴 2개를 각 ₩120,000에 새로 구입하다.
- 8월 17일 농협경제사업장에서 복합비료 10포(@₩11,000)와 퇴비 20포(@₩4,000)를 외상구입하다.

(다) 매출거래장

매출거래장은 매출하였을 때의 금액과 매출반환품의 금액을 기입하는 장부로서 총계정원장의 기입을 상세하게 거래발생 순서에 따라서 기재되는 보조기입장이다.

≪매출거래장 작성의 예≫

매 출 장

(단위 : 원)

년 월 일		적 요	내 용	금 액
8	1	(농협로컬푸드매장) 고구마 10박스 @₩50,000	현금(통장입금)	500,000
	5	(농협로컬푸드매장) 고구마 15박스 @₩40,000	현금(통장입금)	600,000
	17	(○○마트) 외상판매 수박 10개 @₩8,000 옥수수 5망 @₩10,000	수박판매 80,000 옥수수판매 50,000	130,000
	31	당월총매출액 반품액 당월순매출액		1,230,000 0 1,230,000
		누 계		1,230,000

≪거래추정≫

- 8월 1일 농협로컬푸드매장에서 고구마 10박스(@₩50,000)가 판매되어 통장에 입금되다.
- 8월 5일 농협로컬푸드매장에서 고구마 15박스(@₩40,000)가 판매되어 통장에 입금되다.
- 8월17일 ○○마트에 외상으로 수박 10통(@₩8,000), 옥수수 5망(@₩10,000)을 판매하다.

(2) 보조원장

보조원장은 원장의 어떤 특정계정의 내용에 대해서 계좌를 설정하여 각각 그의 내용을 자세히 기록하는 장부를 말한다. 예를 들면, 농산물재고장, 매입처원장, 매출처원장 등이 있다.

(가) 농산물재고장

농장에서 생산한 수확물에 대해 미판매로 남아 있는 재고상태를 상세하게 기록하는 장부를 말한다. 농산물품목에 따라서 재고장을 구분하여 활용할 수 있다.

□ 농산물재고장 작성의 예

≪거래예시 및 기장≫

- 10월 3일 수확한 사과 60박스(300kg)를 창고에 입고하다.
- 10월 5일 서울 농협하나로클럽에 20박스(100kg)를 출하하다.
- 10월 22일 농협로컬푸드매장에 5박스(25kg)를 진열하다.

품목명: 후지사과

(단위 : kg)

년 월	일	적 요	수량	입고	출고	잔량
10	3	수확입고	60박스	300		300
	5	농협하나로(서울)	20박스		100	200
	22	농협로컬푸드판매장	5박스		25	175

(나) 매입처원장

총계정원장의 외상매입금에 대하여 거래처별로 현재액을 확실히 알기 위하여 매입처원장이 필요하며 외상매입금에 대하여 인명별로 상세하게 기입하는 보조장부이다.

□ **매입처원장 작성의 예**

≪거래예시 및 기장≫

- 3월 1일 ○○농협으로부터 호미와 농약을 ₩167,000에 외상구입하다.
- 3월 17일 ○○농협으로부터 복합비료(10포대), 퇴비(20포대)를 ₩190,000에 외상구입하다.
- 3월 22일 3월중 구입한 농협의 외상매입금을 정산하다.

○ ○ 농 협

(단위 : 원)

년 월 일		적 요	차변	대변	대·차	잔액
3	1	호미, 농약 구입		167,000	대	167,000
	17	복합비료10, 퇴비20		190,000	대	357,000
	22	예금인출 정리	357,000			0

(다) 매출처원장

외상매출금이 많은 경우에는 총계정원장의 외상매출금계정만으로는 거래처별로 외상매출금을 일일이 관리할 수 없다. 따라서 거래처별 외상매출금에 대해서 외상매출금의 현재액을 확실히 알 수 있도록 하기 위해서 작성하는 보조부를 매출처원장이라 한다.

≪거래예시 및 기장≫

- 8월 1일 ○○농협로컬푸드매장에서 고구마 10박스(@₩50,000)를 판매하다.
- 8월 5일 ○○농협로컬푸드매장에서 고구마 15박스(@₩40,000)를 판매하다
- 8월 17일 ○○농협로컬푸드매장에서 수박 10통(@₩8,000), 옥수수 5망(@₩10,000)을 판매하다.
- 8월 31일 ○○농협으로부터 납품대금을 ₩1,230,000에 정산 받다.

○ ○ 농 협

(단위 : 원)

년 월 일		적 요	차변	대변	대·차	잔액
8	1	고구마 10박스	500,000		차	500,000
	5	고구마 15박스	600,000		차	1,100,000
	22	수박 10통	80,000		차	1,180,000
	22	옥수수 5망	50,000		차	1,230,000
	31	농협정산		1,230,000		0

(3) 회계장부 보관

회계장부는 농업경영에 잘 활용할 수 있는 자료가 되지만 한편으로는 법령에 따라 장기간 보존하여야 한다. 만일 장부가 없어지면 여러 가지 오해는 물론 법적제재를 받는다.

≪회계장부보존기간≫

우리나라의 「상법」과 「세법」에서는 장부의 보존기간을 각각 10년과 5년으로 정하고 있다. 특히 세법이 정한 5년은 세무조사 등 중대한 사건이 발생할 수 있기 때문에 장부를 잘 보존해야 한다. 또 「상법」이 정한 10년 이내에 「형법」상 문제가 발생하는 것은 아니지만 소송이 제기되는 경우 불이익을 감수해야 하므로 잘 보존하는 것이 좋다.

> **≪기타 회계증빙자료 보관≫**
>
> 회계처리 시 실제 사용된 세금계산서 등 각종 증빙자료에 대해서는 회계관련장부에 준하여 잘 보관관리해 두어야 한다. 사후에 증빙서 제출이나 자료검토를 할 때에 중요한 역할을 할 수 있다.

예시 전자계산서 양식

전자세금계산서					승인번호	20190823-50000001-00000000			
공급자	등록번호	120-82-	종사업장 번호	44	공급받는자	등록번호	114-87-00000	종사업장 번호	
	상호 (법인명)	한국	성명			상호 (법인명)	농업회사법인	성명	농업회사법인 OOO
	사업장 주소	전라남도 나주시				사업장 주소	경기도 가평군 가평읍		
	업태	전기발전공급	종목	전기가스및수도		업태	도소매, 농업 회	종목	농산물생산및유통
	이메일					이메일			
						이메일			

작성일자	공급가액	세액	수정사유	비고
2019-08-23	10,778	1,078	해당없음	

월	일	품목	규격	수량	단가	공급가액	세액	비고
08	23	전기요금		1	10,778	10,778	1,078	1023010349

합계금액	현금	수표	어음	외상미수금	이 금액을 (청구)함
11,856	11,856				

본 인쇄물은 국세청 홈택스(www.hometax.go.kr)에서 **발급 또는 전송** 입력된 전자(세금)계산서 입니다.
발급사실 확인은 상기 홈페이지의 "조회/발급>전자세금계산서> **제3자 발급사실 조회** "를 이용하시기 바랍니다.

Ⅳ 시산표와 정산표 작성

1. 시산표의 작성

가. 시산표의 의의

시산표(Trial Balance : T/B)는 총계정원장의 차변, 대변의 합계액이나 잔액을 한표에 표시함으로써 계정기입이 바르게 되었는가를 검산하는데 쓰이는 표이다. 따라서 대·차변의 금액이 일치하지 않으면 분개장이나 전표에서 원장으로 전기하는 과정에 잘못이 있음을 알려준다.

거래의 이중성과 대차평균의 원리로 인해 아무리 복잡하고 많은 거래가 발생하더라도 총계정원장에 기록되는 모든 계정계좌의 차변합계와 대변합계는 언제나 일치하게 되어 있어 시산표를 통해 자기검증이 된다. 한편으로 농업경영체의 재무상태나 손익상태의 개요를 알기 위해서도 작성된다.

시산표 작성주기는 매일, 매주, 또는 매월말 등 정기적으로 작성하여 원장으로의 기입이 올바르게 이루어졌는가를 확인할 필요가 있다. 하지만 요즘 컴퓨터회계프로그램 보급으로 인해 시산표는 자동적으로 작성된다. 발생된 거래를 분개하여 컴퓨터에 입력하기만 하면 필요시 출력하여 활용할 수 있다.

≪시산표 등식≫

자산 + 비용 = 부채 + 자본 + 수익

나. 시산표의 종류

시산표는 작성방법에 따라 합계시산표, 잔액시산표, 합계잔액시산표로 구분한다.

(1) 합계시산표

합계시산표는 총계정원장 각 계정의 차변합계액과 대변합계액을 집계하여 하나의 표로 나타낸 것이다.

(2) 잔액시산표

잔액시산표는 각 계정의 잔액만을 집계하여 하나의 표로 나타낸 것이다. 이것 역시 합계잔액시산표와 마찬가지로 차변합계액과 대변합계액은 반드시 일치하게 된다.

(3) 합계잔액시산표

합계시산표와 잔액시산표를 하나로 종합한 표이다.

〈양식 2-5〉 **시산표 양식**

시 산 표

20x1. 12. 31

농장명 : 건하농장 (단위 : 원)

②각계정의 차변잔액	①각계정의 차변합계	원면	계정과목	①각계정의 대변합계	②각계정의 대변잔액
xxx	xxx	1	현금(자산)	xxx	
	xxx	2	외상매입금(부채)	xxx	xxx
	xxx	·	출자금(자본)	xxx	xxx
	xxx	·	농산물판매대금(수익)	xxx	xxx
xxx	xxx	·	노무비(비용)	xxx	
②합계	①합계			①합계	②합계

(일치)

(일치)

㉠ ① 각 계정의 차·대변 합계를 전부 집합하여 작성 : 합계시산표
㉡ ① 각 계정의 잔액만을 집계하여 작성 : 잔액시산표
㉢ ①,②를 동시에 작성 : 합계잔액시산표

다. 시산표의 작성방법

시산표 작성방법은 다음과 같다.

① 계정과목란에는 자산·부채·자본·수익·비용의 순으로 계정과목을 기입한다.

② 원면란에는 각 계정계좌의 페이지나 면수를 기록해 둔다.

③ 차변란과 대변란에는 각 계정과목의 차변과 대변의 금액은 잔액, 합계 등을 구분하여 정확히 기록한다.

라. 시산표의 오류

시산표의 차변합계액과 대변합계액이 일치하지 않을 때에는 계산이나 기록 중 어딘가에 오류가 발생하였기 때문이다. 따라서 이때에는 다음과 같은 순서에 의하여 오류를 발견하여 수정한다.

① 시산표 자체의 실수가 있는지 차변과 대변의 합계액을 검산한다.
② 원장의 각 계정의 합계나 잔액이 시산표에 올바르게 옮겨졌는가를 검토한다.
③ 원장 각 계정의 합계나 또는 잔액의 계산에 잘못이 있는지를 검산한다.
④ 분개장으로부터 원장에 이르기까지 전기가 정확히 이루어졌는가를 확인한다.
⑤ 분개장의 기입에 오류가 있는가를 검토한다.

≪시산표의 한계≫

시산표는 원장에의 전기가 올바른지를 조사하는 표이기 때문에 다음과 같은 경우는 오류를 발견할 수 없다. 따라서 이 경우에는 대차균형의 원리에 의한 복식회계시스템의 자기검증기능에도 한계가 있음을 뜻한다.

① 거래 전체의 분개가 누락되거나 전기가 탈락된 경우
② 거래를 이중으로 분개하거나 대차 양변에 이중으로 전기한 경우
③ 대차 양쪽에 틀린 금액으로 동일한 분개를 하거나 전기한 경우
④ 분개의 전기 때 다른 계정과목에 전기한 경우
⑤ 분개의 전기 때 차변과 대변을 정반대에 기입했을 경우 등

2. 정산표의 작성

가. 정산표의 의의

정산표(Working Sheet, 精算表)는 기말의 시산표를 재고조사표에 의하여 결산수정사항을 기입하고 대차대조표와 손익계산서를 작성하는 절차를 하나의 표로 종합하

여 일목요연하게 볼 수 있도록 나타낸 표이다. 이를 결산일람표라고도 한다. 즉, 잔액시산표, 손익계산서, 대차대조표를 하나의 표에 집합시켜 결산 본 절차에 앞서 결산에 대한 제반사항을 한눈에 볼 수 있도록 작성한 것이다.

정산표 작성 시기는 결산에 착수하기 전, 원장의 각 계정계좌를 마감하기 전에 즉, 재고조사표의 작성 직후에 작성되는 것이다. 따라서 회계실무에서는 정산표를 작성하여 결산에 관한 모든 사항을 확정한 다음에 결산본절차를 수행하는 것이 보통이다. 정산표는 반드시 작성하여야 하는 회계장부는 아니지만 재무제표의 작성을 도와주는 선택적인 보조수단이다.

정산표를 작성하는 목적을 구체적으로 살펴보면 다음과 같다.

① 장부를 마감하기 전에 미리 장부 밖에서 결산정리와 각종 보고서의 계산을 행하고, 원장마감을 정확하게 하기 위한 기초자료이다.
② 손익계산서와 대차대조표 작성의 기초자료로 활용한다.
③ 결산기장의 정확성 여부를 파악하는데 필요하다.
④ 결산절차 전체를 한 곳에 망라한 것이므로 결산의 의미를 총괄적으로 이해하는데 필요하다.

나. 정산표의 종류

정산표는 곧 시산표, 재고조사표, 대차대조표, 손익계산서 등을 총괄하여 집합시킨 다위식집계표(多位式集計表)라고도 볼 수 있다. 따라서 정산표는 작성상 필요에 따라 금액란을 설정하는데 이에 따라 6위식, 8위식, 10위식 등의 형식이 있다.

① 6위식 정산표
잔액시산표, 손익계산서, 대차대조표를 하나의 표로 나타낸 것이다.

② 8위식 정산표
잔액시산표, 정리기입란, 손익계산서, 대차대조표를 하나의 표로 나타낸 것이다.

③ 10위식 정산표

잔액시산표, 정리기입란, 수정후시산표, 손익계산서, 대차대조표를 하나의 표로 나타낸 것이다.

다. 정산표의 작성방법과 양식

정산표의 작성방법은 다음과 같다.

① 계정과목란과 시산표란에는 잔액시산표의 내용을 그대로 옮겨 기입한다.
② 잔액시산표란에 기입된 각 계정금액 중 비용은 손익계산서란의 차변에, 수익은 대변에 옮긴다.
③ 잔액시산표란에 기입된 각 계정금액 중 자산은 대차대조표란의 차변에, 부채 및 자본은 대변에 옮긴다.
④ 손익계산서, 대차대조표란의 대·차변의 합계를 비교한 차액은 당기순이익(또는 당기순손실)으로 보고 각각 금액이 적은 쪽에 기입하여 대·차를 일치시켜 마감한다. 따라서 손익계산서와 대차대조표에 나타나는 당기순손익은 그 금액이 일치하며, 서로 반대되는 쪽에 기입한다.

〈양식 2-6〉 **정산표(6위식)**

정 산 표(W/S)

20x1. 12. 31

농장명 : 건하농장 (단위 : 원)

계정과목	잔액시산표		손익계산서		대차대조표	
	차 변	대 변	차 변	대 변	차 변	대 변
자산계정	XXXXX				XXXXX	
부채계정		XXXXX				XXXXX
자본계정		XXXXX				XXXXX
수익계정		XXXXX		XXXXX		
비용계정	XXXXX		XXXXX			
당기순이익			*****			*****
당기순손실				*****	*****	
	XXXXX	XXXXX	XXXXX	XXXXX	XXXXX	XXXXX

CHAPTER 03

6차산업화시대 농업회계

농업회계 실무

CHAPTER 03

농업회계 실무

I 농업회계 실무와 응용

1. 계정과목의 설정

계정과목은 자산·부채·자본·비용·수익을 정리, 기장하기 위한 계산의 기본단위로서 농업경영체에 속해 있는 이들의 변동을 그 종류 또는 성질에 따라 분류하고 이에 붙인 명칭이라고 볼 수 있다.

농업회계처리는 기본적으로 일반적인 기업들과 매우 유사한 점이 많지만 계정과목 체계 등을 보면 특유한 계정과목들이 많이 포함되고 있다. 계정과목의 분류체계에 대해서는 농업회계를 이해함에 있어서 매우 중요한 부분을 차지하고 있다. 예를 들어 복합경영을 하고 있는 농업경영체의 경우 계정과목을 품목별로 다양하게 설정하느냐, 아니면 포괄적인 개념으로 묶어서 계정과목을 설정하느냐는 갈림길에 놓여 있을 수 있다. 이는 장단점을 따져보고 합리적인 방안을 찾아서 계정과목을 설정하면 좋을 것이다.

특히 계정과목은 농업회계에 있어서 계산의 기초를 이루는 것이므로 해당 농업경영의 성격에 따라서 그리고 회계정리에 적합하도록 설정되어야 한다. 농업경영은 일반기업경영과는 성격이 다르므로 특히 계정과목의 설정에 있어서 아래의 사항에 유의하여 한다.

≪계정과목 설정의 유의사항≫

① 계정과목은 거래내용을 명확하게 표시할 수 있도록 설정하여야 한다.

② 한번 설정한 계정과목은 함부로 바꾸어서는 안 된다.

③ 동일계정 안에 종류와 성질이 다른 것을 종합하여서는 안 된다. 다시 말해서 혼합계정은 피하도록 한다.

④ 거래발생의 횟수가 많은 것은 세분하고 적은 것은 종합하여 설정한다.

⑤ 손익에 관한 계정과목의 설정은 영업비용과 영업외비용, 경영수익과 경영외수익, 경상수익과 임시수익 등으로 손익의 원인이 구별되도록 하여야 한다.

⑥ 계정과목은 농업경영체의 경영분석, 경영비교가 용이하도록 설정하여야 한다.

실무적으로 농업회계의 계정과목설정은 기본적으로 『농업회계 표준실무서』(농촌진흥청, 2014)에서 게시해 놓은 '계정과목'의 예시에 따라 활용하는 것이 편리하고 유용성이 높을 것이다. 만약 농장경영의 특성에 따라 계정과목의 추가 또는 응용이 필요할 경우에는 중소기업회계기준에 따라 작성해 놓은 대차대조표나 손익계산서의 계정과목을 활용하거나 농가 스스로 편익에 따라 임의 설정하여 이용하면 된다.

2. 재무상태표(대차대조표) 계정과목[3)]

가. 자산

유동자산

(1) 현금 및 현금성 자산

현금 및 현금성 자산에는 다음과 같은 것이 있다.

① 화폐, 자기앞수표, 타인발행 당좌수표 등 통화대용증권과 당좌예금, 보통예금,

3) 농업회계처리에 있어 통일된 계정과목을 준용하기 위해 재무상태표(대차대조표) 및 손익계산서의 계정과목은 농업회계실무규범 『농업회계 표준실무서』(농촌진흥청, 2014)를 참고하여 기술하였다.

우편환증서

② 큰 거래비용 없이 현금으로 전환하기 쉽고 이자율변동에 따른 가치변동의 위험이 경미한 금융상품으로서 취득당시 만기일 또는 상환일이 3개월 이내인 것

③ 기일이 도래한 공사채이자표, 배당금지급통지표 등

예시 ① 건하농장은 수확한 자두 10박스를 1박스당 ₩25,000에 로컬푸드매장에 출하하고 대금은 자기앞수표로 받다.

(차변) 현금 250,000 (대변) 농산물판매수익 250,000

(2) 현금과부족

현금이 장부잔액과 실제잔액이 일치하지 않을 경우 그 원인이 판명되지 전까지 임시적으로 처리하는 가계정으로 원인이 판명되면 해당계정으로 처리한다. 일정기간 동안이 지났어도 원인이 판명되지 않으면 부족액은 잡손실, 초과액은 잡이익계정으로 처리한다.

예시 현금 실제잔액이 장부잔액 보다 ₩25,000이 부족하다.

(차변) 현금과부족 25,000 (대변) 현금 25,000

(3) 단기금융상품

농업경영체가 일시적 여유자금을 보유하는 경우 금융기관에 정기예·적금 등의 금융상품으로 단기적 자금운용을 목적으로 기한이 1년 이내에 도래하는 것을 말한다.

예시 ① 건하농장은 보통예금 ₩30,000,000을 출금하여 이자율 2.5%의 특판 정기예금에 가입하다.

(차변) 정기예금 30,000,000 (대변) 보통예금 30,000,000

(4) 단기매매증권

농업경영체가 투자목적으로 구입하는 주식, 사채, 국·공채 및 출자금으로 비유동자산에 속하지 않는 유가증권을 처리하는 계정이다.

예시 ① 건하농장은 ○○증권에서 보아스㈜ 주식을 주당 ₩20,000(액면가 ₩10,000)에 50주를 단기보유 목적으로 취득하고 보통예금계정에서 인출처리하다.

(차변) 단기매매증권 1,000,000 (대변) 보통예금 1,000,000

② 위의 주식을 주당 ₩24,000에 전량 처분하다.

(주식처분 50주, 주식거래세 0.05%, 매매수수료 0.1%)

(차변)		(대변)	
보통예금	1,198,200	단기매매증권	1,000,000
지급수수료	1,200	단기매매증권처분이익	200,000
세금과공과	600		

(5) 단기대여금

제3자에게 금전소비대차계약에 따라서 현금을 빌려주고 차용금증서 등을 받은 경우로서 회수기간이 1년 이내인 대여금을 처리하는 계정이다.

예시 ① 건하농장은 거래처에 보통예금에서 인출하여 ₩5,000,000(대여기간 6개월, 연이자율 5%)로 대여하고 차용금증서를 받다.

(차변) 단기대여금 5,000,000 (대변) 보통예금 5,000,000

(6) 외상매출금(매출채권)

농업경영체가 생산한 수확물을 외상으로 판매한 경우 처리하는 계정이며, 이 경우 신용카드로 판매하는 금액도 포함한다.

예시 ① 건하농장은 농협 하나로마트에 고구마 50박스를 박스당 ₩50,000에 외상으로 납품하다.

(차변) 외상매출금 2,500,000 (대변) 농산물판매수익 2,500,000

(7) 대손충당금

농업경영체가 외상매출금에 대하여 회수가 불가능할 경우를 대비하여 일정 대손추정율을 감안, 대손상각비와 상대계정으로 처리하는 계정이다.

예시 ① 건하농장은 기말에 효주농장외 5개 업체의 외상매출금 ₩35,000,000에 대하여 1%의 대손을 설정하다.(단, 전기에 설정된 잔액이 ₩100,000이다)

(차변) 대손상각비 250,000 (대변) 대손충당금 250,000

(8) 미수금

농업경영체가 생산한 수확물이 아닌 건물, 토지, 대농기구, 차량운반구, 비품, 유가증권 등을 외상매출하는 경우 발생하는 미수채권을 처리하는 계정이다.

예시 ① 농장의 사용 중인 경운기를 이웃에 ₩1,600,000에 외상판매하고 대금은 2개월 후에 받기로 했다. (장부가액 ₩2,000,000, 감가상각누계액 ₩500,000)

(차변) 미수금 1,600,000 (대변) 대농기구 2,000,000
감가상각누계액 500,000 대농기구처분익 100,000

(9) 미수수익

농업경영체가 임대료, 용역제공, 예·적금의 이자 등 결산일 현재 미수령액을 처리하는 계정이다,

예시 ① 당기말에 건하농장은 기간이 경과한 정기예금의 미회수 이자 1개월분 ₩125,000을 결산정리사항으로 회계처리하다.(이자소득세는 감안하지 않았다)

(차변) 미수수익 125,000 (대변) 이자수익 125,000

(10) 선급금

건물, 토지, 영농자재, 비료, 사료 등을 매입할 때 납품에 앞서 대금의 일부나 전부를 미리 지급한 금액을 처리하는 계정이다.

예시 ① 건하농장은 사료를 구입하기로 하고 사료대리점에 계약금 ₩500,000을 보통예금에서 이체 지급하다.

(차변) 선급금 500,000 (대변) 보통예금 500,000

② 사료대리점에서 사료를 구입하고 계약금을 차감한 잔액 ₩2,500,000을 보통예금에서 이체 지급하다.

(차변) 사료비 3,000,000 (대변) 선급금 500,000
보통예금 2,500,000

(11) 출하선급금

농협이나 산지수집상, 농업법인 등이 수확기에 농산물을 매수하기 위하여 농산물 생산자 등에게 농산물대금을 미리 지급하는 금액을 처리하는 계정이다.

예시 ① 건하농장은 효주농장에 가을김장배추 출하를 받기로 약정하고 계약금으로 ₩2,000,000을 현금으로 지급하다.

(차변) 출하선급금 2,000,000 (대변) 현금 2,000,000

(12) 선급비용

농업경영체가 용역을 제공받기 위하여 미리 지급한 비용으로 결산기에 기간손익계산을 위해 처리하는 계정이다.

예시 ① 건하농장은 업무용 자동차를 구입한 후 종합보험에 가입하면서 1년분 보험료로 ₩1,200,000을 납부하다.

(차변) 보험료 1,200,000 (대변) 현금 1,200,000

② 결산시(12월 31일)에 선납된 3개월분의 보험료 ₩300,000을 선급비용으로 처리하다.

(차변) 선급비용 300,000 (대변) 보험료 300,000

(13) 수확물(생산물)[4]

농업경영체가 판매가 가능한 상태의 농작물을 수확하거나 생물자산 자체로서 판매가능한 농업수확물로서 미판매농산물, 미판매축산물이 기말에 재고자산으로 남아있는 경우 대차대조표에 재고자산으로 처리하는 계정이다.

예시 ① 건하농장은 12월 31일 냉동창고에 수확한 사과가 2,000kg 재고가 있어 결산기표하다.(생산원가는 kg당 ₩1,000)

(차변) 수확물(사과) 2,000,000 (대변) 생장물 2,000,000

4) 생산물은 제조분야의 제품과 같은 개념이고, 생장물은 재공품과 같은 개념이다.

(14) 생장물

소비용 생물자산으로 성장 중인 생물자산을 처리하는 계정이다. 대차대조표에 소비용 생물자산이 미성숙 상태면 '생장물', 수확시점에는 '수확물'로 계정처리한다.

예시 ① 건하농장은 육계를 목적으로 병아리 20,000수를 단가 ₩1,000에 외상으로 구입하고, 운임 ₩100,000을 현금으로 지급하다.

(차변) 생장물(병아리) 20,100,000 (대변) 외상매입금 20,000,000
현금 100,000

(15) 저장품

결산기에 비료, 사료, 농약, 육묘용 포트, 소모공구기구비품 등 구입자재가 남아 있는 경우에는 기말재고액을 처리하는 계정이다.

예시 ① 기말에 한우 배합사료 1,000kg(kg@₩1,000 구입)가 재고로 남아 있다.

(차변) 저장품 1,000,000 (대변) 사료비 1,000,000

(16) 미수확물

결산기에 수확하지 못한 미수확작물에 투입된 비용을 당기의 비용에서는 제외하고 차기의 비용으로 회계 처리하기 위한 계정이다.

예시 ① 제1기말(20x1년)에 재배중인 보리의 종자비는 ₩500,000, 비료비는 ₩400,000, 노무비는 ₩600,000이다. 다만 이제까지 발생한 비용은 모두 회계처리하였다.

(차변) 미수확작물 1,500,000 (대변) 종묘비 500,000
비료비 400,000
노무비 600,000

◎ 제2기 첫날(20x2년 1월 1일) 생장물 보리에 대하여 환원정리하다.

(차변) 종묘비 500,000 (대변) 미수확작물 1,500,000
비료비 400,000
노무비 600,000

(17) 비육가축

미수확물 계정과 같이 결산기말에 판매목적으로 사육 중인 소와 돼지 등 대가축에 투입한 비용을 회계처리하기 위한 계정이다.

예시 ① 제1기말(20x1년)에 사육중인 새끼돼지(자돈) 200마리를 비육돈으로 전환하다. 자돈구입비 ₩10,000,000, 사료비 ₩2,000,000 진료위생비 ₩700,000을 집계하다.

(차변) 비육가축 12,700,000 (대변) 자돈구입비 10,000,000
사료비 2,000,000
진료위생비 700,000

◎ 제2기 첫날(20x2년 1월 1일) 비육가축 새끼돼지에 대하여 환원정리하다.
(차변) 자돈구입비 10,000,000 (대변) 비육가축 12,700,000
사료비 2,000,000
진료위생비 700,000

비유동자산

(18) 장기외상매출금

회수기한이 회계연도 말로부터 1년 후 도래하는 매출채권은 기타 비유동자산인 장기매출채권으로 분류한다. 또한 명목상의 가액과 현재가치의 차이가 중요한 경우에는 이를 현재가치에 따라서 평가한다.

예시 건하농장은 수확한 고구마 100박스를 3,000,000원에 외상으로 K업체에 납품하고 대금은 2년 후에 받기로 하다.(현재 가치는 고려하지 않음)

(차변) 장기외상매출금 3,000,000 (대변) 농산물판매수익 3,000,000

(19) 장기예금

농업경영체가 여유자금을 활용할 목적으로 금융기관에 1년 이상 예치목적으로 예·적금, 부금 등에 가입한 경우 처리하는 계정이다.

예시 ① 건하농장은 농협에 3년 만기 정기예금에 ₩5,000,000 가입하고 보통예금에서 인출처리하다.

(차변) 정기예금 5,000,000 (대변) 보통예금 5,000,000

② 3년 만기되어 원금 ₩5,000,000과 이자 ₩375,000(이자소득세 ₩54,375 포함)을 보통예금에 이체하다.

(차변) 보통예금 5,320,625 (대변) 정기예금 5,000,000
세금과공과 54,375 이자수익 375,000

(20) 만기보유증권

농업경영체가 투자의 목적으로 만기가 확정된 회사채 및 환매조건부채권 등 상환금액이 확정되었거나 확정이 가능한 채무증권을 매입한 경우에 처리하는 계정이다.

예시 ① 건하농장은 장기투자목적으로 만기까지 보유할 ㈜○○전자의 사채 ₩3,000,000을 매입하고 보통예금에서 이체지급하다.

(차변) 만기보유채권 3,000,000 (대변) 보통예금 3,000,000

② 위 사채에 대한 이자 ₩500,000(이자소득세 ₩72,500 포함)을 보통예금으로 이체받다.

(차변) 보통예금 427,500 (대변) 이자수익 500,000
세금과공과 72,500

(21) 투자부동산

농업경영체가 부동산의 시세차익을 목적으로 매입하여 보유하는 비업무용부동산을 처리하는 계정이다.

예시 ① 건하농장은 토지를 투자목적으로 ₩20억에 매입하고 취득세, 부동산중개수수료, 법무사 등기수수료 등으로 ₩10,000,000을 포함하여 보통예금에서 ₩1,510,000,000, 금융기관 차입금으로 ₩500,000,000을 이체 납부하다.

(차변) 투자부동산 2,010,000,000 (대변) 보통예금 1,510,000,000
장기차입금 500,000,000

(22) 토지

농업경영체가 영농과 농업생산물의 생산 및 관리를 목적으로 사용하고 있는 대지, 전답, 잡종지 등을 처리하는 계정이다.

예시 ① 건하농장은 영농목적으로 전 3,000㎡를 ₩100,000,000에 구입하고 취득세(2.56%)와 부동산중개수수료(0.9%), 법무사 수수료 등 총 ₩4,500,000을 보통예금에서 이체 지급하다.

(차변) 토지 104,500,000 (대변) 보통예금 104,500,000

(23) 건물

건물은 통상적으로 토지에 정착된 구조물로서 지붕이나 둘레 벽을 갖추고 있는 농장 건물, 사무실, 창고, 부속시설 및 이에 따르는 냉난방, 전기, 통신, 조명, 통풍 및 이에 따르는 설비도 포함하여 처리하는 계정이다.

예시 ① 건하농장은 농장사무실에 냉난방시설을 하고 현금 ₩5,000,000을 지급하다.

(차변) 건물 5,000,000 (대변) 현금 5,000,000

(24) 구축물

농업경영체가 농업생산을 경영할 목적으로 소유하고 있는 토지 위에 정착된 건물 이외의 화단, 가로등, 교량, 안벽, 부교, 궤도, 저수지, 갱도, 굴뚝, 정원설비 그 밖의 토목설비, 공작물 등을 처리하는 계정이다.

예시 ① 건하농장은 태양광설비의 부속 에너지저장장치 구축물을 정비하고 ₩1,000,000원을 보통예금으로 이체 지급하다.

(차변) 구축물 1,000,000 (대변) 보통예금 1,000,000

(25) 영농시설물

비닐하우스, 유리온실 등 효율적인 농업생산을 위한 시설에 투자한 비용을 처리하는 계정이다.

예시 ① 건하농장은 딸기를 생산하기 위하여 비닐하우스를 설치하고 설치비 ₩30,000,000을 보통예금에서 이체 지급하다.

(차변) 영농시설물 30,000,000 (대변) 보통예금 30,000,000

(26) 기계장치

농업경영체가 농산물의 생산 및 가공을 위하여 설비한 생산설비 또는 작업장치에 투입한 비용을 처리하는 계정이다.

예시 ① 건하농장은 감귤의 분류를 위하여 선별기를 설치하고 ₩20,000,000을 보통예금에서 이체 지급하다.

(차변) 기계장치 20,000,000 (대변) 보통예금 20,000,000

(27) 대농기구

농업경영체가 농업생산에 사용하기 위한 트랙터, 경운기 등 내용연수가 있어 감가상각이 필요한 농기구의 구입에 지출되는 비용 및 부대비용을 처리하는 계정이다.

예시 ① 건하농장은 트렉터 1대를 5년 거치 10년 상환의 대출금으로 ₩45,000,000에 구입하다.

(차변) 대농기구 45,000,000 (대변) 장기차입금 45,000,000

(28) 차량운반구

농업경영체가 농업생산을 위하여 사용하는 자동차, 손수레 등 운반구를 처리하는 계정이다.

예시 ① 건하농장에서 사용할 중고트럭 1대를 ₩15,000,000에 구입하고 보통예금에서 이체 지급하다.

(차변) 차량운반구 15,000,000 (대변) 보통예금 15,000,000

(29) 비품

농업경영체가 사무용 집기와 비품으로 내용연수가 1년 이상이고 가격이 ₩1,000,000 초과(법인세법)의 컴퓨터, 복사기 등 사무용품을 처리하는 계정을 말한다.

예시 ① 건하농장은 금고 1대를 ₩1,500,000에 구입하고 신용카드로 결제하다.

(차변) 비품 1,500,000　　　　(대변) 미지급금 1,500,000

(30) 감가상각누계액

농업경영체의 건물, 차량운반구, 비품, 대농기구, 영농시설물, 성숙-생물자산(가축, 식물) 등의 가치감소액을 간접적으로 나타내는 계정이다.

예시 ① 건하농장의 대농기구에 대하여 기말에 감가상각비 ₩500,000을 회계처리하다.(간접법)

(차변) 감가상각비 500,000　　　　(대변) 대농기구감가상각누계액 500,000

(31) 건설중인자산

농업경영체가 농장건물, 축사 등의 건설을 위한 재료비, 노무비, 경비 또는 건설하기 위하여 지출한 계약금 및 중도금을 처리하는 계정이다.

예시 ① 건하농장은 창고 1동을 ₩250,000,000에 신축하기로 하고 효주건설회사에 계약금 ₩25,000,000을 보통예금에서 이체 지급하다.

(차변) 건설중인자산 25,000,000　　　　(대변) 보통예금 25,000,000

② 건하농장은 창고가 준공되어 효주건설회사에 신축비용 잔액 ₩125,000,000을 보통예금에서 이체 지급하다.(중도금은 ₩100,000,000은 이미 지급하였음)

(차변) 건물 250,000,000　　　　(대변) 보통예금 125,000,000
건설중인자산 125,000,000

(32) 성숙-생물자산(가축·식물)

생물자산이란 살아있는 동물이나 식물을 말한다. 농업생산물을 생산하거나 자체적으로 사용할 목적으로 보유하고 있는 자산으로 1년을 초과하여 사용할 것이 예상되는 생산용 생물자산은 유형자산으로 분류한다. 옥수수, 밀 등 한해살이 작물은 생산용 생물자산에 해당하지 아니한다.

즉, 농업경영체가 출산과 번식을 위하여 보유하고 있는 가축과 과일 수확을 위해 재배하거나 보유하고 있는 과일나무 등을 처리하는 계정이다.

예시 ① 건하축산농장에서 성장중인 번식용 육우에 투입한 비용은 다음과 같다. 사료비 ₩2,500,000, 가축약품비 ₩500,000이다.

(차변) 미성숙 가축(미성숙-생물자산) 3,000,000 (대변) 사료비 2,500,000
진료약품비 500,000

② 건하축산농장은 번식용 육우가 성숙기에 이르러 성숙-생물자산계정으로 대체처리하다. 미성숙 가축계정의 소요된 비용은 ₩3,000,000이다.

(차변) 가축(성숙-생물자산) 3,000,000 (대변) 미성숙 가축(미성숙-생물자산) 3,000,000

(33) 미성숙-생물자산(성장 중인 가축·식물)

농업경영체가 생물자산 중 현재 자라고 있는 과일나무나 송아지와 같이 성장하고 있는 동식물의 투입비용을 처리하는 계정이다.

예시 ① 건하농장 사과대추나무 1,000수를 재배하는데 재배비용으로 묘목구입비 ₩4,000,000, 퇴비 ₩3,000,000, 인건비 ₩2,000,000, 농약비 ₩200,000을 현금으로 지급하다.

(차변) 종묘비 4,000,000 (대변) 현금 9,200,000
비료비 3,000,000
고용비 2,000,000
농약비 200,000

② 건하농장은 기말이 되어 위의 사과대추나무를 미성숙-생물자산으로 대체하다.

(차변) 사과대추나무(미성숙-생물자산) 9,200,000

(대변) 종묘비 4,000,000
비료비 3,000,000
고용비 2,000,000
농약비 200,000

③ 건하농장은 사과대추나무 1,000주중 900주가 성장하여 식물계정(성숙-생물자산)으로 대체하다. 성장 중인 포도나무에 투입한 비용은 ₩9,200,000이다.

(차변) 사과대추나무(성숙-생물자산) 9,2000,000
(대변) 사과대추나무(미성숙-생물자산) 9,200,000

(34) 산업재산권

농업경영체가 특허권, 실용신안권, 디자인권, 상표권 등 농업생산활동에 관련된 권리를 출원하여 등록받을 때 지출한 비용을 처리하는 계정이다.

예시 ① 건하농장은 인삼재배 관련 특허를 취득하고 출연관련 비용 ₩1,000,000을 보통예금에서 이체 지급하다.

(차변) 산업재산권 1,000,000 (대변) 보통예금 1,000,000

(35) 기타유동자산

농업경영체가 투자자산, 유형자산, 무형자산에 속하지 않는 비유동자산으로 비품을 임대 사용할 경우 또는 일반사무 등의 보증금 등을 처리하는 계정이다.

예시 ① 건하농장은 농작물재배 비닐하우스를 임차하고 임차보증금 ₩20,000,000과 임차료 ₩2,000,000을 보통예금에서 이체 지급하다.

(차변) 임차보증금 20,000,000 (대변) 보통예금 2,200,000
임차료 2,000,000

② 건하농장은 사무실에 CCTV을 설치하면서 보증금으로 ₩100,000 그리고 월 이용료 ₩100,000을 보통예금에서 이체 지급하다.

(차변) 보증금 100,000 (대변) 보통예금 200,000
수수료비용 100,000

나. 부채

유동부채

(1) 단기차입금

농업경영체가 금전소비대차계약에 따라 금융기관 등에서 차입하는 금액과, 신용카드의 현금서비스, 마이너스통장의 마이너스 사용액, 대표자 가수금 등으로 돈을 빌려와 사용한 후 1년 이내에 갚아야 하는 돈을 처리하는 계정이다.

예시 ① 건하농장은 농협에서 농사자금 ₩3,000,000을 차입하여 보통예금에 입금하다.

(차변) 보통예금 3,000,000 (대변) 단기차입금 3,00,000

(2) 외상매입금

농업경영체가 농산물생산과 관련된 거래에서 발생한 종묘비, 비료비 등 농산물 생산관련 주요원자재의 외상으로 매입하는 경우 처리하는 계정이다.

예시 ① 건하농장은 농협에서 발효퇴비(100포) ₩400,000을 외상으로 구입하다.

(차변) 비료비 400,000 (대변) 외상매입금 400,000

② 건하농장은 축협에서 1포(20kg)에 ₩12,100인 중송아지사료 50포를 외상으로 구입하다.

(차변) 사료비 605,000 (대변) 외상매입금 605,000

(3) 미지급금

농업경영체가 농장에서 농업생산에 직접사용할 원재료를 제외한 비품 등 물품을 외상으로 구입한 경우 처리하는 계정이다. 또한 즉시 지불되지 않는 신용카드의 구입액도 미지급금으로 처리한다.

예시 ① 건하농장은 사무용책상 5조를 ₩2,000,000에 구입하고 신용카드로 결제하다.

(차변) 비품 2,000,000 (대변) 미지급금 2,000,000

② 건하농장은 위의 신용카드대금을 보통예금에서 이체 결제하다.

(차변) 미지급금 2,000,000 (대변) 보통예금 2,000,000

(4) 미지급비용

농업경영체가 지급의무가 있는 이미 발생된 비용(지대, 급여, 이자, 임차료, 보험료, 수수료 등)으로서 결산일현재 지급되지 않은 것을 처리하는 계정이다.

예시 ① 건하농장은 농협에서 차입한 ₩5,000,000에 대한 이자 ₩100,000(12월 10일부터 12월 31일 기간 중 이자, 이자납기일 매월 10일)을 결산일에 미지급비용으로 회계처리하다.

(차변) 이자비용 100,000 (대변) 미지급비용 100,000

(5) 미지급배당금

농업법인이 농업경영활동을 통해 얻은 이익을 주주나 출자자에게 배당할 현금 등이 미지급 상태인 경우 처리하는 계정이다.

예시 ① 농업회사법인 보아스(주) 현금배당액 ₩20,000,000이 미지급되어 회계처리하다.

(차변) 이익잉여금 20,000,000 (대변) 미지급배당금 20,000,000

예시 ① 농업법인보아스(주)는 위의 미지급 현금배당액 ₩20,000,000을 보통예금에서 이체 지급하다.

(차변) 미지급배당금 20,000,000 (대변) 보통예금 20,000,000

(6) 예수금

농업경영체가 부가가치세예수금이나 급여에서 원천징수한 근로소득세, 4대 보험료 등 같이 일시적으로 보관하고 있다가 일정기간 후 정당한 계정으로 계정처리 하는 채무를 정리하는 계정이다.

예시 ① 건하농장은 사무실 직원급여 ₩2,000,000에 대해 근로소득세와 4대 보험 등으로 ₩200,000을 공제하고 보통예금에서 이체 지급하다.

(차변) 급여 2,000,000 (대변) 보통예금 1,800,000
예수금 200,000

② 건하농장은 원천징수한 근로소득세 ₩200,000을 보통예금에서 이체하다.

(차변) 예수금 200,000 (대변) 보통예금 200,000

(7) 출하선수금

농업경영체가 생산한 수확물 등을 농협 등 특정 거래처에 판매하기로 계약하고 출하 전 계약금 또는 중도금을 받아 회계 처리하는 계정이다.

예시 ① 건하농장은 생산예정인 옥수수에 대해 출하약정을 농협과 체결하고 계약금 ₩2,000,000을 미리 보통예금으로 이체 받았다.

(차변) 보통예금 2,000,000 (대변) 출하선수금 2,0000,000

② 건하농장은 1개월 후 수확물 ₩5,000,000을 농협에 인도하고 대금잔액을 받아 보통예금에 입금하다.

(차변) 출하선수금 2,000,000 (대변) 농산물판매수익 5,000,000
보통예금 3,000,000

(8) 선수수익

농업경영체가 계약에 따라 수익의 대금을 수령하고 결산일 현재 서비스의 제공이 완료되지 않았거나 미경과한 경우 그 해당 분만큼의 선수임대료, 선수이자, 선수지대, 선수수수료 등으로 처리하는 계정이다.

예시 ① 건하농장은 효주농장과 창고 임대계약을 체결하고 1년분의 임대료 ₩1,200,000을 현금으로 받다.

(차변) 현금 1,200,000 (대변) 임대료 1,200,000

② 건하농장은 기말결산시 위의 임대료 중 ₩400,000은 내년도 선수분으로 회계 처리하다.

(차변) 임대료 400,000 (대변) 선수수익 400,000

(9) 유동성장기부채

농업경영체가 장기차입한 부채 중 1년 이내에 상환기일이 도래하는 부채를 처리하는 계정이다.

예시 ① 건하농장은 농협은행에서 ₩40,000,000(이자율 연 2%)을 8년 원금균등 할부상환조건으로 장기차입하여 보통예금으로 이체 받다.

(차변) 보통예금 40,000,000 (대변) 장기차입금 40,000,000

② 건하농장은 결산일에 상환기일이 10개월 남은 위 장기차입금 중 할부상환금 ₩5,000,000에 대하여 회계처리하다.

(차변) 장기차입금 5,000,000 (대변) 유동성장기부채 5,000,000

③ 건하농장은 위의 차입금에 대하여 원금 ₩5,000,000과 이자 ₩700,000을 보통예금에서 이체하여 상환하다.

(차변) 유동성장기부채 5,000,000 (대변) 보통예금 5,700,000
이자비용 700,000

(10) 단기충당부채

단기충당부채란 단기적으로 지출의 시기 또는 금액이 불확실한 부채를 말한다. 다음의 3가지 요건을 모두 충족하는 경우에 부채로 인식한다. ① 과거사건이나 거래의 결과로 현재의무가 존재하고, ② 당해 의무를 이행하기 위하여 자원이 유출될 가능성이 매우 높으며, ③ 그 의무의 이행에 소요되는 금액을 신뢰성 있게 추정할 수 있어야 한다.

예시 ① 건하농장은 농산물을 판매하고 판매보증충당부채 ₩2,000,000을 설정하다. 다만, 보증기간은 6개월이다.

(차변) 판매보증비 2,000,000 (대변) 판매보증충당부채 2,000,000

비유동부채

(11) 장기외상매입금

농업경영체가 일반적 상거래에서 발생한 채무 중 유동부채에 속하지 않는 장기적으로 갚아야 하는 외상매입금과 지급어음을 처리하는 계정이다.

예시 ① 건하농장은 산림조합에서 묘목 1,000주를 구입하고 대금 ₩1,500,000을 2년 후에 상환하기로 하다.

(차변) 종묘비 1,500,000 (대변) 장기외상매입금 1,500,000

(12) 장기차입금

농업경영체가 시설자금으로 금융기관에서 자금을 차입하여 1년 이상 장기간 사용한 후 갚아야 하는 채무를 처리하는 계정이다.

예시 ① 건하농장은 농협은행에서 하우스시설자금으로 ₩30,000,000을 차입하여 보통예금에 입금하다. 다만, 이율 연 2%, 상환기간은 5년이다.

(차변) 보통예금 30,000,000 (대변) 장기차입금 30,000,000

(13) 사채

농업회사법인 등은 장기자금을 조달하기 위하여 일반대중에게 회사의 채무임을 표시하는 증권인 사채를 발행할 수 있다. 즉, 사채(社債)는 주식회사가 채권을 통하여 채무를 지는 것을 말하는데, 이를 처리하는 계정이다.

예시 ① 농업회사법인 보아스코리아㈜ 는 이사회결의로 사채액면총액 ₩20,000,000(액면단가 ₩10,000, 2,000권)을 단가 ₩9,500에 발행하고 납입금은 보통예금하다. (상환기간은 5년, 연이율 5%)

(차변) 보통예금 19,000,000 (대변) 사채 20,000,000
사채발행차금 1,000,000

(14) 퇴직급여충당금

농업경영체가 회계연도 말 현재기준 종업원이 일시에 퇴직할 경우 지급해야 할 퇴직금에 상당하는 금액을 처리하는 계정이다.

예시 ① 건하농장은 기말에 종업원의 퇴직금 ₩25,000,000을 추가설정하다.

(차변) 퇴직급여 25,000,000 (대변) 퇴직급여충당금 25,000,000

다. 자본

(1) 자본금

농업경영체가 농장운영을 위하여 납입 출자한 재화와 금전이다. 농업경영체가 출자하면 출자액만큼 자본을 증가시키고, 순이익이 발생하면 자본금계정에 직접 가산한다. 개인농장은 자본금과 인출금계정을 설정하여 회계처리한다. 농업법인의 경우 자본금과 자본잉여금, 이익잉여금 계정을 설정한다.

예시 ① 건하농장은 현금 ₩30,000,000, 토지 ₩200,000,000, 대농기구 ₩20,000,000을 출자하여 농장경영을 시작하다.

(차변) 현금 30,000,000 (대변) 자본금 250,000,000
토지 200,000,000
대농기구 20,000,000

② 농업회사법인 보아스코리아㈜는 갑, 을, 병, 정이 각각 현금 ₩20,000,000, 무는 현물출자로 토지 ₩50,000,000을 출자하여 법인을 설립하다.

(차변) 현금 80,000,000 (대변) 자본금 130,000,000
토지 50,000,000

③ 농업회사법인 보아스코리아㈜는 회사를 설립하고 주식 10,000주를 1주에 ₩7,000(액면가 ₩5,000)에 발행하고 납입금은 보통예금으로 이체하다.

(차변) 보통예금 70,000,000 (대변) 자본금 50,000,000
주식발행초과금 20,000,000

(2) 인출금

농장계정과 가계간의 거래로 농장주 개인사용의 현금인출 등 가계(가정)에 대한 지출을 처리하는 계정이다. 이는 결산 시에 자본금계정에 대체한다.

예시 ① 건하농장에서 농장주가 농장의 보통예금에서 현금 ₩300,000을 인출하여 부모님 생활비를 드리다.

(차변) 인출금 300,000 (대변) 보통예금 300,000

② 건하농장은 기말에 인출금계정 차변잔액 ₩300,000을 정리하다.

(차변) 자본금 300,000 (대변) 인출금 300,000

(3) 자본잉여금

자본잉여금은 주주와의 자본거래(주식거래)에서 발생하여 자본이 증가되는 잉여금을 말하며, 주식발행초과금과 기타자본잉여금으로 구분해서 표시한다. 자본잉여금의 종류에는 주식발행초과금, 감자차익, 자기주식처분이익이 있다. 음(-)의 자본잉여금이 발생하면 자본조정으로 처리한다. 기업회계기준상 자본잉여금은 자본전입(무상증자)이나 결손보전 이외의 목적으로 사용할 수 없다.

예시 ① 농업회사법인 보아스코리아㈜는 주식발행초과금 ₩50,000,000을 주주에게 무상증자하다.

(차변) 주식발행초과금 50,000,000 (대변) 자본금 50,000,000

(4) 자본조정

자본조정은 자본거래 중에서 자본금, 자본잉여금에 속하지 않는 임시적인 자본항목이다. 따라서 자본조정에 있는 항목들은 언젠가는 조정을 통하여 자본금이나 자본잉여금에 반영되어야 한다.

예시 ① 농업회사법인 보아스코리아㈜는 자기주식 1,000주를 주당 ₩35,000에 현금으로 취득하다.

(차변) 자기주식 35,000,000 (대변) 현금 35,000,000

(5) 이익잉여금(또는 결손금)

이익잉여금은 농업법인체의 정상적인 영업활동 및 기타의 손익거래로 인하여 발생한 잉여금 중에서 사외에 유출되거나 자본에 전입된 금액을 제외한 사내유보된 잔액을 말한다. 이익잉여금에는 법정적립금, 임의적립금, 미처분이익금이 있다.

예시 ① 농업회사법인 보아스코리아㈜은 결산결과 이월된 당기순이익 ₩30,000,000을 미처분이익잉여금으로 계상하다.

(차변) 손익 30,000,000 (대변) 미처분이익잉여금 30,000,000

3. 손익계산서 계정과목

가. 수익

□ **영업수익**

(1) 농업주산물판매수익

농업수확물의 판매수익은 농업경영체가 수확물의 판매에 따라 발생하는 수익계정이다. 이는 농업경영체의 특성에 따라 계정과목을 설정하여 기입한다.

예시 ① 건하농장은 수확한 고구마 100kg을 1kg당 ₩5,000에 농협 하나로마트에 외상으로 매출하다.

(차변) 외상매출금 500,000 (대변) 농산물판매수익 500,000

(2) 농업부산물판매수익

농업경영체의 주생산물 이외의 볏짚, 왕겨, 쌀겨 등 부산물 발생으로 수익이 발생할 경우 농업부산물판매수익으로 회계처리한다.

예시 ① 건하농장은 벼의 도정과정에서 생산된 왕겨를 ₩500,000에 처분하고 현금을 받다.

(차변) 현금 500,000 (대변) 농업부산물판매수익 500,000

□ 영업외수익

(3) 이자수익

농장에서 금전을 금융기관에 맡기고 받은 이자, 또는 제3자에게 금전을 대여하고 받는 이자를 처리하는 계정이다.

예시 ① 건하농장의 정기예금이자 ₩150,0000이 발생하여 이자소득세 ₩21,500을 제한 금액을 보통예금에 이체되다.

(차변) 보통예금 128,500 (대변) 이자수익 150,000
세금과공과 21,500

(4) 임대료수익

농장이 부동산 또는 동산을 제3자에게 유상으로 임대하여 사용하게 하고 일정기간마다 사용대가로 지대 또는 사용료 등으로 받는 경우에 처리하는 계정이다.

예시 ① 건하농장은 효주농장에 창고를 임대하여 주고 임대료 ₩100,000을 보통예금으로 이체 받다.

(차변) 보통예금 100,000 (대변) 임대료수익 100,000

(5) 유형자산처분이익

농장에서 건물, 대농기구, 차량운반구 등을 처분하여 발생한 이익 금액으로 처분금액이 장부금액(취득가액에서 감가상각누계액을 차감한 금액)을 초과한 금액이 발생할 경우 처리하는 계정이다.

예시 ① 건하농장은 효주농장에 대농기구를 ₩10,000,000에 매각 처분하고 대금은 1개월 후에 받기로 하다. 다만, 대농기구의 장부금액은 ₩8,000,000, 감가상각누계액 ₩1,000,000 있다.

(차변)		(대변)	
미수금	10,000,000	대농기구	8,000,000
감가상각누계액	1,000,000	유형자산처분이익	3,000,000

(6) 수수료수익

수수료수익은 상대방에게 농사재배기술 등 농사기술을 제공하거나 특허권의 사용 등으로 받은 수익을 처리하는 계정이다.

예시 ① 건하농장은 효주농장과 인삼재배기술지도 계약을 하고 월 자문료 ₩100,000을 현금으로 받다.

(차변) 현금 100,000　　　　(대변) 수수료수익 100,000

(7) 잡이익

경영체의 주요생산에 해당되지 않아 금액이 소액으로 계정설정이 중요하지 않거나 적절하지 않을 처리항목을 구체적으로 나타내지 않아도 되는 경우에 처리하는 계정이다.

예시 ① 건하농장은 취미로 재배하던 화분을 ₩20,000에 처분하고 현금으로 받다.

(차변) 현금 20,000　　　　(대변) 잡이익 20,000

(8) 정부보조금

정부보조금계정은 국가 또는 지방공공단체의 비닐하우스, 농산물포장용기 등 설치 또는 구입 시 보조금을 받았을 때 처리하는 계정이다. 여기에서는 정부보조금을 수익 처리한 경우이다.

예시 ① 건하농장은 정부에서 받은 특용작물 생산에 따른 정부보조금 ₩5,000,000을 현금으로 받다.

(차변) 현금 5,000,000　　　　(대변) 정부보조금 5,000,000

* 정부보조금 회계처리에 대한 구체적 설명은 〈p134〉에서 설명해 놓았음

나. 비용

□ 농산물생산비(매출원가)

(1) 종묘비

농산물 재배를 위하여 종자(씨)·과실·잎·줄기·뿌리·묘목·수목·대목 등을 구입 시에 그 비용을 처리하는 계정이다.

예시 ① 건하농장은 농협경제사업장에서 상추씨앗 ₩200,000을 현금으로 구입하다.

(차변) 종묘비 200,000 (대변) 현금 200,000

(2) 가축구입비

송아지, 새끼돼지, 새끼염소, 병아리 등 가축구입비용을 처리하는 계정이다.

예시 ① 건하농장은 송아지 한 마리를 ₩5,000,000에 구입하고 대금은 현금으로 지급하다.

(차변) 가축구입비 5,000,000 (대변) 현금 5,000,000

(3) 교배비

가축의 증식을 위하여 동물의 교배비, 인공수정비용 등을 처리하는 계정이다.

예시 ① 건하농장은 암소의 수정을 위해 인공수정사에게 수수료 ₩100,000을 현금으로 지급하다.

(차변) 교배비 100,000 (대변) 현금 100,000

(4) 비료비

퇴비 및 화학비료의 생산, 구입을 위하여 소요되는 구입비와 부대비용을 포함한 모든 비용을 처리하는 계정이다.

예시 ① 건하농장은 농협에서 복합비료 10포를 구입하고 ₩240,000을 체크카드로 지급하다.

(차변) 비료비 240,000 (대변) 보통예금 240,000

(5) 사료비

축산경영체에서 가축의 먹이가 되는 원재료를 구입하거나 생산된 제품을 구입하는 데 드는 모든 비용을 처리하는 계정이다.

예시 ① 건하농장은 염소의 겨울 먹이를 위해 건초 200kg를 ₩1,000,000에 농협에서 구입하고, 대금은 체크카드로 결제하다.

(차변) 사료비 1,000,000 (대변) 보통예금 1,000,000

(6) 농약비

농작물의 해충방지를 위하여 친환경방제제의 자가생산이나 농약회사에서 생산한 제품의 구입에 드는 모든 비용을 처리하는 계정이다.

예시 ① 건하농장은 농협영농자제센터에서 농약(살충제)을 ₩165,000에 구입하고 체크카드로 결제하다.

(차변) 농약비 165,000 (대변) 보통예금 165,000

(7) 진료약품비

축산경영체에서 가축질병의 예방과 치료를 위하여 사용하는 의약품 구입에 드는 비용을 처리하는 계정이다.

예시 ① 건하농장은 ○○동물병원에서 조류인플루엔자 예방약품 3병을 ₩300,000에 구입하고 체크카드로 결제하다.

(차변) 진료약품비 300,000 (대변) 보통예금 300,000

(8) 작업의류비

농업생산관련 작업복, 우의, 다기능 조끼, 장갑, 모자, 수건, 부츠 등의 구입에 드는 비용을 말한다.

예시 ① 건하농장은 목장갑 100개를 ₩50,000에 구입하고 체크카드로 결제하다.

(차변) 작업의류비 50,000 (대변) 보통예금 50,000

(9) 소농기구비

농작업관련 농기구중 가격이 비싸지 않고 내용연수가 짧아 감가상각처리 하기에는 적합하지 않은 호미, 낫 등을 구입하는데 처리하는 계정이다.

예시 ① 건하농장은 농협에서 삽 5자루를 ₩150,000에 구입하고 대금은 체크카드로 결제하다.

(차변) 소농기구 150,000 (대변) 보통예금 150,000

(10) 기타재료비

구입이 일시적이고 일회용으로 사용하며 별도의 계정과목을 설정하기에는 적합하지 않은 농업생산관련 기타 재료구입시 처리하는 계정이다.

예시 ① 건하농장은 농협에서 고추재배에 필요한 고추지지대 800개를 ₩150,000에 구입하고 대금은 현금으로 지급하다.

(차변) 기타재료비 150,000 (대변) 현금 150,000

(11) 고용비

농작업에 종사 할 일용직을 고용했을 때의 노임이나 고용에 필요한 비용을 처리하는 계정이다.

예시 ① 건하농장은 농장작업자의 임금 ₩1,200,000을 현금으로 지급하다.

(차변) 고용비 1,200,000 (대변) 현금 1,200,000

(12) 광열동력비

농업생산물 시설내의 관련 냉난방비를 지급하는 경우에 회계처리하는 계정이다. 즉, 기계동력재료, 가온재료, 광열재료, 전기료 등의 비용을 말한다.

예시 ① 건하농장은 생산시설의 토마토재배관련 전기요금 ₩300,000을 보통예금에서 이체 지급하다.

(차변) 광열동력비 300,000 (대변) 보통예금 300,000

(13) 용수사용료

농업생산을 위하여 관정의 유지관리 및 수지원공사의 농업용수사용에 따른 부담금 등을 처리하는 계정이다.

예시 ① 건하농장은 벼농사를 위하여 수자원공사로부터 농업용수사용료 ₩150,000을 보통예금에서 이체 납부하다.

(차변) 용수사용료 150,000 (대변) 보통예금 150,000

(14) 위탁수수료

특용작물의 재배에 관한 컨설팅이나 농장운영에 관한 컨설팅을 전문가에게 위탁한 경우의 비용을 처리하는 계정이다.

예시 ① 건하농장은 특용작물재배를 위해 전문가에게 위탁하고 수수료 ₩800,000을 현금으로 지급하다.

(차변) 위탁수수료 800,000 (대변) 현금 800,000

(15) 감가상각비

건물, 대농기계 등 유형자산을 일정기간동안 취득원가에서 잔존가치를 차감한 금액을 그 유형자산의 내용연수에 걸쳐 정해진 방식에 따라 비용으로 배분하는 비용을 처리하는 계정이다.

예시 ① 건하농장은 1월 2일에 창고건물 ₩100,000,000을 취득하고 보통예금에서 이체 지급하다. (내용연수 20년, 정액법 적용, 잔존가치 0)

(차변) 건물 100,000,000 (대변) 보통예금 100,000,000

② 결산 시 위의 건물에 대하여 감가상각비 ₩5,000,000을 회계처리하다.(간접법)

(차변) 감가상각비 5,000,000 (대변) 감가상각누계액 5,000,000

③ 위의 건물을 ₩80,000,000에 매각처분하고 대금은 1개월 후에 받기로 하다.

(차변)		(대변)	
미수금	80,000,000	건물	100,000,000
감가상각누계액	5,000,000		
유형자산처분손실	15,000,000		

** 감가상각비회계처리에 대한 구체적 설명은 〈p144〉 참조

□ 판매비와 관리비

(16) 급여

직원들에게 근로를 제공 받고 지급하는 정기급료와 상여금, 수당을 포함한 금전적 대가를 처리하는 계정이다.

구 분	내 용	계정과목
농장부담분	건강보험료, 고용보험, 산재보험	복리후생비
	국민연금	세금과공과
본인부담분	4대보험	예수금

예시 ① 건하농장은 농장사무 관리인에게 급여 ₩2,500,000을 보통예금에서 이체 지급하다.

(차변) 급여 2,500,000 (대변) 보통예금 2,500,000

(17) 퇴직급여

영업기간 중 또는 영업연도 말 임원이나 직원이 퇴사하는 경우에 자사의 「퇴직금지급규정」에 따라서 지급하는 금액을 처리하는 계정이다.

퇴사하는 임직원이 있을 경우에는 종전에 설정해 둔 퇴직급여충당부채가 있는 경우 그 충당부채에서 우선적으로 상계하고 부족잔액에 대해서는 퇴직급여계정으로 처리한다.

예시 ① 건하농장은 회계연도말 퇴직금 추계액 ₩5,000,000에 대해서 충당부채를 설정하였다. 다만, 퇴직급여충당부채 잔액은 없다.

(차변) 퇴직급여 5,000,000 (대변) 퇴직급여충당부채 5,000,000

② 근하농장의 직원 홍길동 씨의 퇴직으로 퇴직금 ₩8,000,000을 보통예금에서 이체 지급하다. 다만, 퇴직급여충당부채는 ₩5,000,000이 설정되어 있다. 원천징수소득세는 ₩200,000이다.

(차변)		(대변)	
퇴직급여충당부채	5,000,000	보통예금	7,800,000
퇴직급여	3,000,000	예수금	200,000

(18) 복리후생비

종업원의 복리후생을 위해서 지출하는 비용으로서 작업능률의 향상과 복리를 증진시키기 위해서 부담하는 경비 및 건강보험료 등을 처리하는 계정이다.

예시 ① 농장사무실의 직원용 커피 등을 ₩50,000에 체크카드로 구입하다.

(차변) 복리후생비 50,000 (대변) 보통예금 50,000

② 농장직원 결혼축의금으로 현금 ₩100,000을 지출하다.

(차변) 복리후생비 100,000 (대변) 현금 100,000

(19) 보험료

농장의 화재보험, 자동차보험, 농업재해보험 등 보험계약에 지급하는 비용과 직원의 회사부담분 고용보험료와 산재보험료를 처리하는 계정을 말한다.

예시 ① 건하농장은 자동차보험료 ₩600,000을 신용카드로 납부하다.

(차변) 보험료 600,000 (대변) 미지급금 600,000

(20) 무형자산상각비

농업경영체가 보유하고 있는 무형자산에 대하여 일정기간에 나누어 비용으로 처리하는 계정을 말한다.

예시 ① 건하농장은 특용작물재배기술에 성공하여 특허를 취득하다. 특허취득비용 2,000,000은 보통예금에서 이체 지급하다.

(차변) 특허권 2,000,000 (대변) 보통예금 2,000,000

② 건하농장은 위의 특허권에 대하여 상각하다(상각기간 10년, 직접법).

(차변) 무형자산상각비 200,000 (대변) 특허권 200,000

(21) 잡비

농장에서 지급되는 비용 중 빈번하게 발생하지 않고 금액이 비교적 적거나 또는 다른 계정과목에 포함하기에 적절하지 않은 비용을 처리하는 계정이다.

예시 ① 건하농장은 쓰레기봉투 1묶음 구매하고 현금 ₩20,000을 지급하다.

(차변) 잡비 20,000 (대변) 현금 20,000

(22) 광고선전비

생산한 수확물판매촉진 등을 위해 전람회부스비용, SNS광고료 등 선전효과를 위해 불특정다수인을 대상으로 지출하는 비용을 말한다.

예시 ① 건하농장은 사과를 판매하기 위해 홈페이지 검색광고료 ₩110,000을 보통예금에서 이체 충전하다. (부가가치세 ₩10,000 포함)

(차변) 광고선전비 100,000 (대변)보통예금 110,000
부가가치세대급금 10,000

(23) 교육훈련비

직원의 교육과 관련해서 지출하는 연수비, 외부강사료 등을 처리하는 계정이다.

예시 ① 건하농장은 사무관리직원 농업회계교육원의 교육에 참여하고 수강료 ₩200,000을 현금으로 지급하다.

(차변) 교육훈련비 200,000 (대변) 현금 200,000

(24) 차량유지비

농업경영체의 업무를 위하여 운행하는 차량의 유지, 관리를 위해 소요되는 세차비, 주차료, 차량검사비, 수선비, 타이어 교체비용, GPS설치비용, 주유비, 검사비, 통행료 등을 처리하는 계정이다.

예시 ① 농장의 업무용차량 주유비 ₩70,000을 신용카드로 결제하다

(차변) 차량유지비 70,000 (대변) 미지급금 70,000

② 농장업무용차량의 자동차세 ₩200,000을 인터넷에서 신용카드로 결제하다.

(차변) 세금과공과 200,000 (대변) 미지급금 200,000

③ 농장의 업무용차량 수리비용 ₩130,000을 신용카드로 결제하다.

(차변) 차량유지비 130,000 (대변) 미지급금 130,000

(25) 도서인쇄비

도서구입비, 신문구독료 등과 인쇄비용, 서류봉투 인쇄비용, 팜플렛 인쇄대금 등을 처리하는 계정이다.

예시 ① 농장의 농업회계도서 ₩25,000을 인터넷서점에서 신용카드로 구입하다.

(차변) 도서인쇄비 25,000 (대변) 미지급금 25,000

(26) 접대비

농장운영과 관련해서 사업상 필요하여 타인에게 경조사비와 금전 이외의 재화나 기타 서비스제공에 소요되는 비용을 말한다.

예시 ① 건하농장은 거래처직원이 방문하여 식사를 대접하고 식사비용 ₩60,000을 신용카드로 결제하다.

(차변) 접대비 60,000 (대변) 미지급금 60,000

② 농장의 거래처 자녀결혼으로 축하화환을 보내고 ₩100,000을 체크카드로 결제하다.

(차변) 접대비 100,000 (대변) 보통예금 100,000

(27) 임차료

건물, 토지 등의 부동산이나 기계장치, 차량운반구 등의 동산을 소유주로부터 임차하고 이의 사용료로 지급하는 비용을 처리하는 계정이다.

예시 ① 농장사무실을 임차하면서 보증금 ₩10,000,000과 월세 ₩500,000을 보통예금에서 이체 지급하다.

(차변) 보증금 10,000,000 (대변) 보통예금 10,500,000
임차료 500,000

(28) 통신비

핸드폰 사용 통신비를 비롯한 인터넷 사용료, 우편요금 등의 청구비와 또는 그 유지를 위해 지급한 비용을 처리하는 계정이다.

예시 ① 건하농장은 업무용 핸드폰 사용료 ₩50,000을 보통예금에서 자동이체 지급하다.

(차변) 통신비 50,000 (대변) 보통예금 50,000

(29) 운반비

농산물판매와 관련해서 거래처에 운반해 주는 과정에서 발생하는 운송료, 상차비·하차비, 퀵서비스비용, 택배비용 등 비용을 처리하는 계정이다.

예시 ① 건하농장은 거래처에 농산물견품을 발송하고 운반비 ₩20,000은 현금으로 지급하다.

(차변) 운반비 20,000 (대변) 현금 20,000

** 〈참고〉 '운반비' 회계처리 구분

① 생산에 사용되는 경우 '생산원가의 경비'로 산입처리

② 농장운영 및 농산물판매에 사용되는 경우 '판매관리비'인 운반비로 처리

(30) 세금과공과

국가 또는 지방자치단체가 부과하는 조세 및 공과금, 공공적 지출에 충당할 목적인 조합비, 협회비 등과 그리고 기관 및 공공단체가 부과하는 부과금, 벌금, 과료, 과태료 및 회사가 부담하는 직원의 국민연금 등을 처리하는 계정이다.

예시 ① 건하농장은 토지분 재산세 ₩350,000을 현금으로 납부하다

(차변) 세금과공과 350,000 (대변) 현금 350,000

(31) 소모품비

소모품비는 소모성 공구, 기구, 비품 등 사무용소모품 등을 구입하기 위해서 소요되는 비용을 처리하는 계정이다.

예시 ① 건하농장은 문구점에서 사무실에서 사용할 복사용지와 볼펜 등 사무용품 ₩20,000을 구입하고 체크카드로 결제하다.

(차변) 소모품비 20,000 (대변) 보통예금 20,000

(32) 수도광열비

농장사무실의 수도료, 전기료, 가스비 등 연료비에 소요되는 비용 중 판매 및 관리에 사용되는 금액을 처리하는 계정이다.

예시 ① 건하농장의 사무실전기요금 ₩30,000을 보통예금에서 이체 지급하다

(차변) 수도광열비 30,000 (대변) 보통예금 30,000

(33) 수선비

건물, 대농기구, 창고, 차량운반구 등의 유형자산이 사용도중에 정상적으로 작동되지 않을 때 이를 복구하기 위해서 소요되는 경비를 처리하는 계정이다.

예시 ① 건하농장은 파손된 비닐하우스 수선비용 ₩300,000을 신용카드로 결제하다.

(차변) 수선비 300,000 (대변) 미지급금 300,000

(34) 여비교통비

농업생산물의 판매·관리 활동에 종사하는 종업원과 임원에 관한 여비 또는 교통비를 처리하는 계정이다.

예시 ① 건하농장의 사원이 거래처를 방문하고 택시비 ₩20,000을 현금으로 지급하다.

(차변) 여비교통비 20,000 (대변) 현금 20,000

② 건하농장의 사원이 거래처 방문을 마치고 농장으로 귀가하면서 대리운전 비용 ₩30,000을 현금으로 지급하다.

(차변) 여비교통비 30,000 (대변) 현금 30,000

(35) 대손상각비

농산물의 외상판매에 따른 판매대금의 회수가 불가능하게 된 경우 비용으로 처리하기 위한 계정이다.

예시 ① 건하농장은 거래처 부도로 농산물외상판매대금 ₩1,000,000을 회수불능하게 되어 손실처리하다. 다만, 대손충당금 잔액은 ₩500,000이다.

(차변) 대손상각비 500,000 (대변) 외상매출금 1,000,000
대손충당금 500,000

② 건하농장은 결산 시에 거래처 외상매출금 ₩10,000,000 중 1% 대손을 예상하다. 다만, 대손충당금 잔액은 ₩50,000이다.

(차변) 대손상각비 50,000 (대변) 대손충당금 50,000

③ 건하농장은 기중에 거래처 파산으로 농산물외상판매대금 ₩50,000을 회수 불능처리하다. 다만, 대손충당금 ₩100,000이 설정되어 있다

(차변) 대손충당금 50,000 (대변) 외상매출금 50,000

(36) 포장비

농업경영체가 수확물의 포장과정에서 발생하는 비용을 회계 처리하는 계정이다.

예시 ① 건하농장은 수확물을 포장하기 위해서 포장상자, 포장테이프, 포장비닐 등 ₩250,000을 구입하고 신용카드로 결제하다.

(차변) 포장비 250,000 (대변) 미지급금 250,000

(37) 보관료

농업생산물 등을 냉장창고에 보관하거나 비료, 사료 등을 임대창고에 보관하는 경우와 그 밖의 보관료 등을 지불할 때 처리하는 계정이다.

예시 ① 건하농장은 농산물을 냉장창고에 일시보관하고 그 비용 ₩200,000은 나중에 지급하기로 하다.

(차변) 보관료 200,000 (대변) 미지급금 200,000

(38) 견본비

수확물을 거래처나 소비자에게 알리기 위해서 견본을 제공하거나 판매촉진행사시 현장에서 사용되는 소비자에게 제공되는 수확물을 비용을 처리하는 계정이다.

예시 ① 근하농장은 판촉행사장에서 고객에게 농산물을 견본으로 맛보게 하고, 소비된 농산물 ₩100,000 비용처리하다.

(차변) 견본비 100,000 (대변) 수확물 100,000

(39) 회의비

농업경영체가 직원들과 업무추진회의 등 사업목적상 회의를 하면서 지출하는 다과 구입비 등 지출하는 비용을 처리하는 계정이다.

예시 ① 건하농장은 업무추진을 위하여 직원들과 회의를 하고 저녁식사대금으로 ₩150,000을 현금으로 지급하다.

(차변) 회의비 150,000 (대변) 현금 150,000

(40) 판매수수료

농업경영체가 생산한 수확물을 외부마케팅업체에 판매위탁하고 대가로 판매자에게 지급하는 비용을 처리하는 계정이다.

예시 ① 건하농장은 농산물을 K마트에 위탁판매 의뢰하고 수수료 ₩70,000을 현금으로 지급하다.

(차변) 판매수수료 70,000　　　(대변) 현금 70,000

□ 영업외 비용

(41) 이자비용

농업경영체가 금융기관 등에서 사업자금으로 자금을 차입하여 사용하고 대가로 지불하는 이자를 처리하는 계정이다.

예시 ① 건하농장은 농협의 장기차입금이자 ₩350,000을 보통예금에서 이체 지급하다.

(차변) 이자비용 350,000　　　(대변) 보통예금 350,000

(42) 수수료비용

상대방에게 서비스를 제공 받고 지불하는 비용을 처리하는 계정으로 송금수수료, 신용카드 결제수수료, 감정수수료, 유지보수료, 세무사장부기장료 등을 처리하는 계정이다.

예시 ① 건하농장은 농기계구입 외상대금 ₩5,000,000을 보통예금에서 송금하고 수수료 ₩1,500을 보통예금에서 이체 지급하다.

(차변) 미지급금 5,000,000　　　(대변) 보통예금 5,001,500
수수료비용 1,500

(43) 기부금

사업과 직접적인 관련 없이 특수 관계가 아닌 사람에게 무상으로 지출하는 대한적십자사 회비, 사회복지공동모금회 성금, 불우이웃돕기 성금 등을 말한다.

예시 ① 건하농장은 난치병어린이돕기 성금으로 ₩100,000을 기부하다.

(차변) 기부금 100,000 (대변) 현금 100,000

(44) 유형자산처분손실

유형자산을처분하는 경우 장부가액과 처분가액과의 차이가 발생하는 경우 그 차액을 유형자산처분손익으로 처리한다.

예시 ① 건하농장은 장부가액 ₩7,000,000인 트랙터를 ₩3,000,000에 매각하고 대금은 1개월 후에 받기로 하다

(차변) 미수금	3,000,000	(대변) 대농기구 7,000,000
유형자산처분손실	4,000,000	

(45) 잡손실

금액이 크지 않거나 그 항목이 구체적이지 않은 가산세, 경미한 도난사고, 위약금, 현금부족액 등을 처리하는 계정이다.

예시 ① 건하농장은 결산 시 현금부족액 ₩80,000을 잡손실로 회계처리하다.

(차변) 잡손실 80,0000 (대변) 현금 80,000

Ⅱ 농업회계 특수계정과목 처리

농업회계처리에 있어 다소 복잡한 성격을 지닌 특수계정과목에 대해 이해를 돕기 위해 구체적인 사례와 함께 설명해 본다.

1. 정부보조금의 회계처리

정부보조금의 경우 지불 통지를 받은 날 자산 또는 수익으로 인식할 수 있다. 공정가치로 측정하는 생물자산과 관련된 정부보조금에 부수되는 조건이 있는 경우에는 그 조건을 충족하는 시점에서만 당기수익으로 인식한다.

대차대조표에 정부보조금을 표시하는 방법으로는

첫째, 정부보조금을 이연수익인 부채로 인식하여 해당유형자산의 내용연수에 걸쳐 감가상각비로 대체처리하여 점차적으로 수익으로 인식하는 방법과

둘째, 자산의 장부금액을 계산할 때 보조금을 차감하여 원칙적으로 해당 유형자산의 감가상각비를 감소시키는 방식으로 수익을 인식하는 방법이 있다.

정부보조금에 대한 회계처리 방법은 다음과 같다.

정부보조금에 대한 회계처리방법

1. 자산의 취득과 관련하여 정부보조금을 받은 경우

① 관련자산을 취득하기 전 : 받은 자산의 차감계정으로 회계처리

② 관련자산을 취득하는 시점 및 이후 : 관련자산의 차감계정으로 회계처리하고, 관련자산의 내용연수에 걸쳐 감가상각과 상계처리. 단, 정부보조금의 금액을 관련자산의 취득금액에서 직접 차감할 수 있음.

2. 수익과 관련하여 정부보조금을 받은 경우

① 정부보조금을 사용하기 위하여 특정한 조건을 충족해야 하는 경우에는 조건을 충족하기 전까지 받은 정부보조금을 부채(선수수익)로 회계처리

② 정부보조금이 특정비용을 보전할 목적으로 지급된 경우에는 해당비용과 상계처리

③ 정부보조금에 대응되는 비용이 없는 경우에는 농업경영체의 주된 영업활동과 직접적인 관련이 있다면 영업수익으로, 그 밖의 경우에는 영업외수익으로 회계처리

정부보조금에 대한 각각의 회계처리방식의 예시를 통해보면 다음과 같다.

가. 정부보조금을 자산으로 인식하여 회계처리하는 경우

정부보조금을 자산으로 인식한 경우, 관련자산의 차감계정으로 회계처리하고, 관련자산의 내용연수에 걸쳐 감가상각금액과 상계하여 수익처리한다.

예시 건하농장은 정부보조금 ₩10,000,000을 지원받아 콤바인(1대) 구입대금 ₩30,000,000을 체크카드로 결제하여 구입하다.

(차변) 대농기구 30,000,000　　(대변) 보통예금 30,000,000
(차변) 보통예금 10,000,000　　(대변) 정부보조금 10,000,000

〈결산시 감가상각처리〉

예시 건하농장은 상기 대농기구(콤바인)의 내용연수는 10년으로 가정하였고, 감가상각액의 계산은 정액법으로 잔존가치는 "0"으로 하였다.

(차변) 감가상각비 3,000,000　　(대변) 감가상각누계액 3,000,000
(차변) 정부보조금 1,000,000　　(대변) 감가상각비 1,000,000

참고

- 정부보조금을 관련 자산의 취득금액에서 직접 차감하는 경우

(차변) 대농기구 30,000,000　　(대변) 보통예금 30,000,000
(차변) 보통예금 10,000,000　　(대변) 대농기구 10,000,000

나. 정부보조금을 수익으로 인식하여 회계처리하는 경우

(1) 영업수익으로 회계처리

포장재와 같이 1년 이내에 소진되고 상각이 필요 없는 물품 구입 시에는 정부보조금을 수익으로 인식하거나 비용으로 상계할 수 있다. 이때 농업활동과 관련된 보조금을 영업수익으로 처리한다.

예시 건하농장은 포장재비 ₩1,000,000중 정부보조금 ₩500,000을 수령하였다.

(차변) 포장재비 1,000,000 (대변) 현금 1,000,000
(차변) 현금 500,000 (대변) 정부보조금 500,000
(영업수익)

✔ 보충설명

일반적으로 1년 이내에 소진되는 영농자재물품 등에 관련된 정부보조금을 지원받았을 때에는 영업수익으로 회계처리한다.

예를 들어 농산물판매액 ₩2,000,000이고, 포장비가 ₩1,000,000(이 중에 정부보조금 ₩500,000)이라면, 영업이익은 정부보조금 ₩500,000을 포함하여 ₩1,500,000이 된다.

즉, 손익계산서에는 영업수익으로 인식한 정부보조금 ₩500,000과 판매수익 ₩1,000,000을 합산한 ₩1,500,000이 영업이익으로 나타난다.

(2) 영업외수익으로 회계처리

농업활동과 관련이 없고, 1년 이내에 소진되고 상각이 필요 없는 물품 구입 시 기타 보조금일 경우 영업외수익으로 처리한다.

예시 건하농장은 코로나예방용 마스크 3,000장(₩1,500,000)을 구입하면서 정부보조금 ₩500,000을 현금으로 지원받았다.

(차변) 기타유동자산 1,000,000 (대변) 현금 1,000,000
(차변) 현금 500,000 (대변) 정부보조금 500,000
(영업외수익)

단기적 사용의 영농자재 등에 대해 정부보조금을 수령하였을 때에는 본연의 농업활동과 관련 여부를 잘 따져보아야 한다. 위의 사례에서 코로나 예방용 마스크는 농업활동의 용도라기보다는 일상생활의 활동 성격에 더 가깝다고 볼 수 있을 것이다. 따라서 해당 정부보조금을 영업외수익으로 처리하게 된다.

다. 정부보조금을 회계처리하지 않고 비용과 상계하는 경우

다음은 포장지 구입에 들어간 실제비용에서 정부보조금을 비용으로 차감하여 회계처리한 경우이다.

예시 건하농장은 정부보조금 ₩500,000의 지원대상자로 지불통지를 받은 후에 ₩1,000,000 상당의 포장지를 현금으로 구입하였다.
(차변) 포장비 500,000 (대변) 현금 500,000

✔ 보충설명

이때는 정부 또는 지방자치단체가 정부보조금지원 대상자인 농가(농업경영체)에 정부보조금을 직접 지불하지 않고 제조업체 등에 간접적으로 지불하는 경우를 말한다.

2. 농업재해의 회계처리

재해가 발생하는 경우 보험에 가입하지 않은 경우와 보험에 가입한 경우로 나누어 살펴볼 수 있다.

가. 재해가 발생하는 때

(1) 재해가 발생하였으나 보험에 가입하지 않은 경우

보험에 가입하지 않은 경우에는 폐기되는 자산의 장부가액과 상각누계액을 상계하고 나머지는 재해손실로 처리한다.

예시 태풍으로 인해 장부가치가 ₩3,000,000인 대농기구가 소실되어 폐기하였다. 단, 감가상각누계액은 ₩1,000,000이다.

(차변) 감가상각누계액 1,000,000 (대변) 대농기구 3,000,000
(차변) 재해손실 2,000,000

(2) 재해가 발생하였으나 보험에 가입되어 있는 경우

보험에 가입되어 있는 경우에는 보험금의 지급전에 미결산(임시계정)으로 처리한다. 차후 지급된 보험금이 재해로 인한 손실보다 작은 경우에는 재해손실로 인식하고, 보험금이 큰 경우에는 보험차익으로 인식한다.

예시 태풍으로 인해 장부가치가 ₩3,000,000인 대농기구가 소실되어 폐기하였다. 단, 감가상각누계액은 ₩1,000,000이다.

(차변) 감가상각누계액 1,000,000 (대변) 대농기구 3,000,000
(차변) 미결산 2,000,000

① 보험금이 손실보다 작은 경우
농업경영주에게 보험금 ₩1,500,000이 현금 지급되었다.
(차변) 현금 1,500,000 (대변) 미결산 2,000,000
(차변) 재해손실 500,000

② 보험금이 손실보다 큰 경우
농업경영주에게 보험금 ₩2,500,000이 현금 지급되었다.
(차변) 현금 2,500,000 (대변) 미결산 2,000,000
(대변) 보험차익 500,000

나. 재해가 발생하여 수리나 복구 후

재해가 발생하여 수리나 복구 후 재사용이 가능한 경우에도 보험에 가입하지 않은 경우와 보험에 가입한 경우로 나누어 살펴볼 수 있다.

보험에 가입하지 않은 경우에는 자산의 수리에 소요되는 비용을 재해손실로 반영하여 처리한다.

(1) 재해가 발생하여 수리하였으나 보험에 가입되어있지 않은 경우

예시 태풍으로 인해 대농기구가 파손되어 현금 ₩700,000을 주고 수리하였다.
(차변) 재해손실 700,000 (대변) 현금 700,000
(또는 수선비)

(2) 재해가 발생하여 수리하였으나 보험에 가입되어 있는 경우

예시 태풍으로 인해 대농기구가 파손되어 현금 ₩700,000을 주고 수리하였다.

(차변) 가지급금 700,000 (또는 수선비) (대변) 현금 700,000

(가) 보험금이 수리비보다 작은 경우

▸ 농업경영주에게 보험금 ₩500,000이 지급되었다.

(차변) 현금 500,000 (대변) 가지급금 700,000
(차변) 재해손실 200,000

(나) 보험금이 수리비보다 큰 경우

▸ 농업경영주에게 보험금 ₩800,000이 지급되었다.

(차변) 현금 800,000 (대변) 가지급금 700,000 (또는 수선비)
(대변) 보험차익 100,000

3. 생물자산 및 수확물의 회계처리

생물자산 및 수확물의 인식과 측정에 대해 「농업회계 가이드라인」에서 명시하는 주요내용에 관한 설명은 다음과 같다.

가. 생산용 생물자산과 소비용 생물자산의 분류[5)]

'생물자산'이란 살아있는 동물이나 식물을 말한다. 생물자산은 주된 용도에 따라 생산물을 생산하는 '생산용 생물자산'과 생물자산 그 자체로서 최종 생산물이 되거나 판매되는 '소비용 생물자산'으로 구분하였다.

5) 「농가회계기록활성화를 위한 농업회계 가이드라인 개발」, 이상래, 이철희, 정병우, 윤석곤, 서상택, 2015, '농업경영·정책연구' 제42권 제2호, pp198~201.

즉, '생산용 생물자산'은 생물자산 자체로서 농업생산물이 되는 것이 아니라 우유 생산을 위해 사육하고 있는 젖소, 계란을 생산하기 위한 산란용 닭, 양털 생산을 위해 사육하고 있는 양, 과일을 생산하기 위해 재배하고 있는 포도·사과·배 등과 같은 과일나무를 말한다. 반면에 '소비용 생물자산'은 생물자산 그 자체로 고기로 판매될 육우·돼지 등 가축과 판매용가축(송아지, 자돈 등), 벼·옥수수·감자와 같은 1년생 곡물, 목재료 사용될 나무 등이 여기에 포함된다.

'생산용 생물자산'은 유형자산, '소비용 생물자산'은 재고자산으로 분류한다. 유형자산 중 생산용 생물자산이 그 원래의 목적에 사용할 수 있는 상태가 되면 대차대조표의 유형자산 중에 '성숙-생물자산'으로 분류하고, 원래의 목적에 사용하기 위하여 사육하거나 재배하는 과정에 있는 경우에는 '미성숙-생물자산'으로 분류한다.

다시 말해, 생물자산 중 묘목을 심은 후 현재 자라고 있는 과일나무나 송아지와 같이 성장하고 있는 가축과 식물의 경우는 미성숙-생물자산 계정으로 구분한다. 그 후 가축이나 식물이 성장해서 정상적으로 우유나 과일이 생산 가능한 시점에 이르면, 당초 분류되었던 미성숙-생물자산계정을 성숙-생물자산계정으로 대체한다. 성숙시점은 젖소의 경우 첫 출산 시, 번식용 가축의 경우 첫 출산을 위한 교배 시, 다년생 식물의 경우 수확물의 수익과 비용이 거의 같아지는 연도로 한다.

예시 성장 중인 번식용 육우가 성숙기에 이른 경우 분개는 다음과 같다.

① 건하농장에서 성장 중인 번식용 육우에 투입한 비용은 다음과 같다.

- 사료비 ₩2,000,000, 가축약품비 ₩500,000

(차변) 미성숙가축 2,500,000 (대변) 사료비 2,000,000
(미성숙-생물자산) 진료약품비 500,000

② 건하농장은 성장 중인 번식용 육우가 성숙기에 이르러 가축계정(성숙·생물자산)으로 대체하다. 가축계정의 소요된 비용은 ₩2,500,000이다.

(차변) 가축 2,500,000 (대변) 미성숙가축 2,500,000
(성숙-생물자산) (미성숙-생물자산)

한편, 대차대조표에 재고자산으로 분류되는 소비용 생물자산이 성장 중인 경우에는 '생장물'로 분류하고, 수확시점 이후에는 '수확물'로 분류한다. 다만 축산농가의 경우 '수확물'을 '생산물'로 표시한다.

예시 벼 5ha를 재배하고 있는 건하농장의 분개는 다음과 같다.

① 건하농장은 벼 재배를 위해 재료비 ₩900,000, 노무비 ₩500,000, 생산경비 ₩2,750,000을 현금으로 지급하였다.

(차변)			(대변)		
	재료비	900,000		현금	4,150,000
	노무비	500,000			
	생산경비	2,750,000			

② 건하농장은 벼 재배의 소비액 재료비 ₩900,000, 노무비 ₩500,000, 생산경비 ₩2,750,000을 생장물계정으로 대체하다.

(차변)			(대변)		
	생장물(벼)	4,150,000		재료비	900,000
				노무비	500,000
				생산경비	2,750,000

③ 건하농장은 벼 재배 후 쌀과 부수라기 쌀을 수확하였다. 부수라기 쌀의 가치는 ₩320,000이다.

(차변)			(대변)		
	수확물(쌀)	3,830,000		생장물	4,150,000
	부산물 (부수라기쌀)	320,000			

〈표 3-1〉 **생물자산의 분류 비교**

한국채택회계기준(K-IFRS)·일반기업회계기준		농업회계 처리지침(가이드라인)	
생산용 생물자산	성숙	성숙-생물자산	생산용 생물자산 (유형자산)
	미성숙	미성숙-생물자산	
소비용 생물자산	성숙	수확물(생산물)	소비용 생물자산 (재고자산)
	미성숙	생장물	

나. 생산용 생물자산과 수확물의 자산가치 측정

생물자산이나 수확물은 다음의 조건을 모두 충족할 때 자산으로 인식한다.

첫째, 과거거래나 사건의 결과로 생물자산이나 수확물을 농업경영체가 통제할 수 있어야 한다.

둘째, 생물자산이나 수확물에서 미래 경제적 효익의 유입 가능성이 매우 높아야 한다.

셋째, 생물자산이나 수확물의 원가를 신뢰성 있게 측정할 수 있어야 한다.

생물자산 또는 수확물을 자산으로 인식할 때 농업경영체의 자산가치에 대해서 농업회계 가이드라인에서는 국내 농업의 특성을 반영하여 생물자산 또는 생산물을 취득하기 위해 발생한 취득원가기준의 금액결정방식을 채택하고 있다.[6]

생물자산 취득원가는 취득과정에서 정상적으로 발생한 운반비, 수수료 등의 부대비용을 포함한 구입금액으로 측정하고 최초 인식시점까지 성장과 관련하여 정상적으로 발생한 직접원가와 간접원가를 가산한 금액이다. 즉 생물자산에서 수확한 수확물의 원가는 생물자산을 최초로 인식한 후 수확이 완료될 때까지 성장 및 수확과 관련하여 정상적으로 발생한 직접원가와 간접원가를 가산한 금액으로 측정하도록 하고 있다.

예시 ① 건하농장은 포도나무 400수를 재배하고 포도나무 묘목구입비 ₩6,000,000, 비료비 ₩2,300,000, 고용비 ₩12,000,000, 농약비 ₩2,200,000을 현금으로 지급하다.

(차변)			(대변)	
	묘목구입비	6,000,000	현금	22,500,000
	비료비	2,300,000		
	고용비	12,000,000		
	농약비	2,200,000		

6) 자산의 인식기준을 공정가치로 평가하는 한국채택국제회계기준이나 일반기업회계기준과는 달리 중소기업회계기준에서는 취득원가를 기준으로 자산을 인식하고 있다.

② 건하농장은 기말이 되어 위의 포도나무를 미성숙-생물자산으로 대체하다.

(차변) 포도나무 22,500,000 (대변) 묘목구입비 6,000,000
(미성숙-생물자산) 비료비 2,300,000
고용비 12,000,000
농약비 2,200,000

③ 건하농장은 포도나무 400수가 성장하여 성숙-생물자산으로 대체하다. 성장 중인 포도나무에 투입한 비용은 ₩22,500,000이다.

(차변) 포도나무 22,500,000 (대변) 포도나무 22,500,000
(성숙-생물자산) (미성숙-생물자산)

〈표 3-2〉 **생물자산과 수확물의 자산가치 측정**

구	분	한국채택국제회계기준(K-IFRS)	일반기업회계기준	농업회계 가이드라인
생물자산	최초인식 시점	순공정가치(취득원가 가능)	취득원가	취득원가
	인식 후	순공정가치	순공정가치법과 원가법 중 택일	원가법
수확물	최초인식 시점	순공정가치	순공정가치(취득원가 가능)	취득원가
	인식 후	재고자산의 원가	재고자산의 원가	재고자산의 원가

농업활동에 대한 생물자산의 수확물 및 가공품의 사례를 보면 다음과 같다. 따라서 '농산물의 원가관리' 회계처리에 있어서는 생물자산·수확물·가공품을 구분하여 적용하여야 한다.

〈표 3-3〉 생물자산, 수확물 및 가공품의 예시

생 물 자 산	수 확 물	가 공 품
양	양모	모사, 양탄자
사탕수수나무	사탕수수	설탕
조림지의 나무	벌목된 나무	원목, 목재
젖소	우유	치즈
돼지	돈육	소시지, 햄
차나무	잎	차
포도나무	포도	포도주
과일나무	과일	주스 등
고무나무	고무즙(라텍스)	고무제품

(자료) International Accounting Standards. 41. §4

4. 감가상각의 회계처리

가. 감가상각의 의의와 목적

건물, 기계, 기구, 차량운반구, 대농기구, 대동물 등의 고정자본재는 시간이 경과함에 따라 사용이나 진부화 등에 의하여 그 가치가 점차적으로 감소하게 된다. 이를 감가(減價)라고 한다. 이처럼 감소되는 가치에 대하여는 경영적 측면에서 수익과 관계없는 회계적인 비용이므로 추정 또는 내용연수를 감안하여 감가된 상당액을 생산비 산출시 비용으로 계산함과 동시에 고정자본재의 평가액을 감가상각누계액만큼 절하시키는 절차를 감가상각이라 한다.

따라서 감가상각의 목적은 자산의 획득에 수반된 비용을 조직적이고 체계적인 방법을 통해 내용연수에 걸쳐 배분하는 것이다. 감가상각비의 계상은 농업경영체의 중요한 결산정리사항의 하나이다. 감가상각비를 정확하게 평가하지 않을 경우 각 기간의 정확한 재무상태와 경영성과를 측정하여 비교할 수 없다.

만약 자산의 획득과 동시에 비용으로 처리할 경우 당해 연도의 비용이 과다하게 계상되어 경영성과가 상대적으로 부진한 것으로 나타날 것이다. 따라서 이를 방지하기 위하여 내용연수에 따라 감가상각비를 회계처리하여 유형자산의 장부가액을 일정하게 감소시켜나가야 한다.

감가의 원인

감가가 발생하는 원인은 크게 세 가지로서 나누어진다.

① 물질적 감가 : 사용소모, 자연적 소모에 의한 경제적 가치 감소

② 기능적 감가 : 과학의 발달로 새로운 자본재가 개발되어 진부화 되거나 규모확대 등으로 기존의 자본재가 부적합한 경우

③ 우발적 감가 : 재해, 도난 등의 원인에 의해 발생하는 것으로서 엄밀히 말하면 감가가 아님

나. 감가상각비처리

대농기구, 건물, 비품 등 일반 유형자산 뿐만 아니라 성숙생물자산 즉 과일나무와 동물에 대하여도 가치 감소분에 대하여 감가상각을 실시하여 당기의 손익에 반영한다. 단, 토지와 성장 중인 생물자산, 건설 중인 자산은 감가상각비로 처리하지 않는다.

내용연수는 취득하여 폐기처분하기까지 유효하게 사용할 수 있는 연(年)수를 의미하며 주로 법인세법시행규칙상의 내용연수를 준용하고 있다. 일반적으로 내용연수가 지난 유형자산은 추가적으로 감가상각비를 계상하지 않는다. 이때, 잔존가치가 남아있는 경우에는 감가상각비를 계상하지 않고 잔존가치를 일정하게 유지해야 한다.

감가상각비 계상을 위한 방법이나 내용연수는 임의적으로 설정할 수 없다. 외부이용자의 편의와 다른 농업경영체의 비교를 위하여 「농업기계화촉진법의 내용연수」를 활용하여야 할 것이다. 그 내용연수관련 자료를 요약해보면 다음과 같다.

〈표 3-4〉 **유형자산의 내용연수**

감가상각대상(주요사례)		내용연수	비 고
기계장비·시설·비품	대농기구	4년 ~ 6년	
	유리, PET, PC시설	5년 ~ 10년	
	파이브, 비닐시설	5년 ~ 10년	
	원예시설물	3년 ~ 10년	
	차량 및 운반구, 공구, 기구, 비품	4년 ~ 6년	
	철골조 등의 건물(부속설비)과 구축물	30년~ 50년	
동물	젖소	4년	
	번식돈	2.5년	
다년생식물	사과(실생대목)	25년	
	배(일반)	31년	
	복숭아	13년	
	포도	18년	
	대추	25년	
	감귤	30년	
무형자산	특허권	10년	
	영업권	5년	

〈표 3-5〉 **대동물의 내용연수, 성축연령 및 잔존가격**

종 류	용 도	내용연수	성축연령	잔존가액
한우	농업사역용	6년	2세	50%
	운반용	5	4	50
	번식용	5	2	50
	종부용	4	2	50
젖소	착유용	4	2	50
	종부용	4	2	50
말(馬)	운반용	6	4	20
	번식용	7	4	20
	종부용	6	4	20
	경주용	4	2	20
기타	양	5	2	50
	돼지(번식돈)	2.5	8개월	50

다. 감가상각액의 계산

일반적으로 정액법과 정률법을 이용한다. 각각 1년치의 감가상각액은 다음과 같이 산출한다.

(1) 정액법

정액법은 유형자산의 감가액을 내용연수에 균등하게 상각하는 방법이다. 정액법을 직선법·균등상각법이라고도 한다.

≪정액법 공식≫

$$감가상각비 = \frac{취득원가-잔존가치}{내용연수}$$

* 취득원가 : 유형자산 취득 시의 가액
* 잔존가치 : 내용연수 경과 후 처분가치
* 내용연수 : 경제적 내용연수

정액법 회계처리사례

문제 다음 자료에 따라서 정액법으로 건하농장의 감가상각비 1년치를 계산하시오.

0. 영농시설물 취득원가 ₩1,000,000
0. 잔존가치 0원
0. 내용연수 10년

계산 정액법에 따른 감가상각비의 계산은 다음과 같다.

$$\frac{1,000,000-0}{10년} = 100,000(1년분\ 상각액)$$

따라서 10년간 100,000(1년분) × 10년 = 1,000,000이 상각된다.

계정처리 (차변) 감가상각비 100,000 (대변) 감가상각누계액 100,000

(2) 정률법

유형자산의 장부금액인 미상각잔액(취득원가-감가상각누계액)에 상각률을 곱하여 얻은 금액을 각 연도의 상각액으로 하는 방법이다. 이 방법에 따르면 내용연수가 경과할수록 상각액이 감소하기 때문에 가속상각법, 체감상각법이라고도 한다.

≪정률법 공식≫

감가상각비 = 장부금액(취득원가-감가상각누계액) × 상각률

정률법 회계처리사례

문제 다음 자료에 따라서 정률법으로 건하농장의 감가상각비 1년치를 계산하시오.

0. 영농시설물 취득원가 ₩1,000,000

0. 상각률 연 20.6%

계산 정률법에 따른 감가상각비의 계산은 다음과 같다.

1,000,000 × 0.206 = 206,000(1년분 상각액)

계정처리 (차변) 감가상각비 206,000 (대변) 감가상각누계액 206,000

라. 감가상각비의 기입

감가상각비의 장부기장 방법에는 직접법과 간접법이 있다.

(1) 직접법

감가상각액을 직접 자산 가액에서 공제하는 방법으로 감가상각비계정의 차변에 기입하고 동시에 자산의 계정과목의 대변에 기입한다.

(2) 간접법

감가상각액을 간접적으로 자산 가액에서 공제하는 방법으로 감가상각액을 비용으로 해서 감가상각비계정의 차변에 기입하는 점에서는 직접법과 같지만 감가상각누계액계정을 마련해 그 대변에 감가액을 기입한다. 이 방법으로 기입하면, 건물·대농기

구 등의 계산은 취득원가 그대로 내년으로 이월된다. 그러나 감가상각누계액 계산은 매년 감가액이 누적되어 이월된다.

마. 감가상각비처리 장부비치

건물·대농기구·대동물·대식물 등 금액이나 규모가 큰 유형자산에 대해서는 보조장부를 비치해서 활용해 나가는 것이 좋다. 각 회계기간동안 처리하는 감가상각비를 기장해두면 현재 장부가격을 쉽게 파악할 수 있는 자료가 된다.

〈표 3-6〉 **대농기구대장 [예]**

대농기구대장

농기계명 :
내용연수 :
상각방법 :

(단위 : 원)

년	월	일	적 요	수량	취득원가	감가상각액	장부금액	비 고

MEMO

CHAPTER 04

6차산업화시대 농업회계

결산회계 처리

Ⅰ. 결산 의의와 절차

Ⅱ. 결산본절차와 장부의 마감

Ⅲ. 재무제표의 작성

CHAPTER 04

결산회계 처리

I 결산 의의와 절차

1. 결산의 의의

결산이란 일정한 기간의 끝에 이르러 각 계정에 대한 기록을 계산하고 그 기간 중에 발생한 이익의 합계와 손실의 합계를 비교함으로써 순손익을 산정하고 그 기말의 재정상태를 명확히 함과 동시에 차기의 사업거래를 계속해서 기입할 수 있도록 제장부를 정리하는 절차를 말한다.

농업경영체도 역시 일정기간마다 경영성과와 재무상태를 파악하기 위한 일련의 절차가 필요하다. 따라서 모든 거래를 기록한 장부를 마감하여 대차대조표와 손익계산서를 작성한다. 결산의 결과 모든 재산은 다음의 회계연도로 이월된다.

최근에는 전사(全社)적 자원관리(ERP ; Enterprise Resource Planning) 등의 전산시스템 발달로 결산회계처리의 소요시간이 예전에 비해 상당히 단축되는 측면도 있다. 하지만 산업의 고도화 및 다양화로 새로운 거래가 계속 늘어나고, 거래구조가 더욱 복잡해짐에 따라 결산정리사항 등 결산회계처리절차가 더욱 중요해지고 있다. 따라서 결산회계처리절차를 잘 숙지하고 제반사항을 충실히 이행토록 해야 한다.

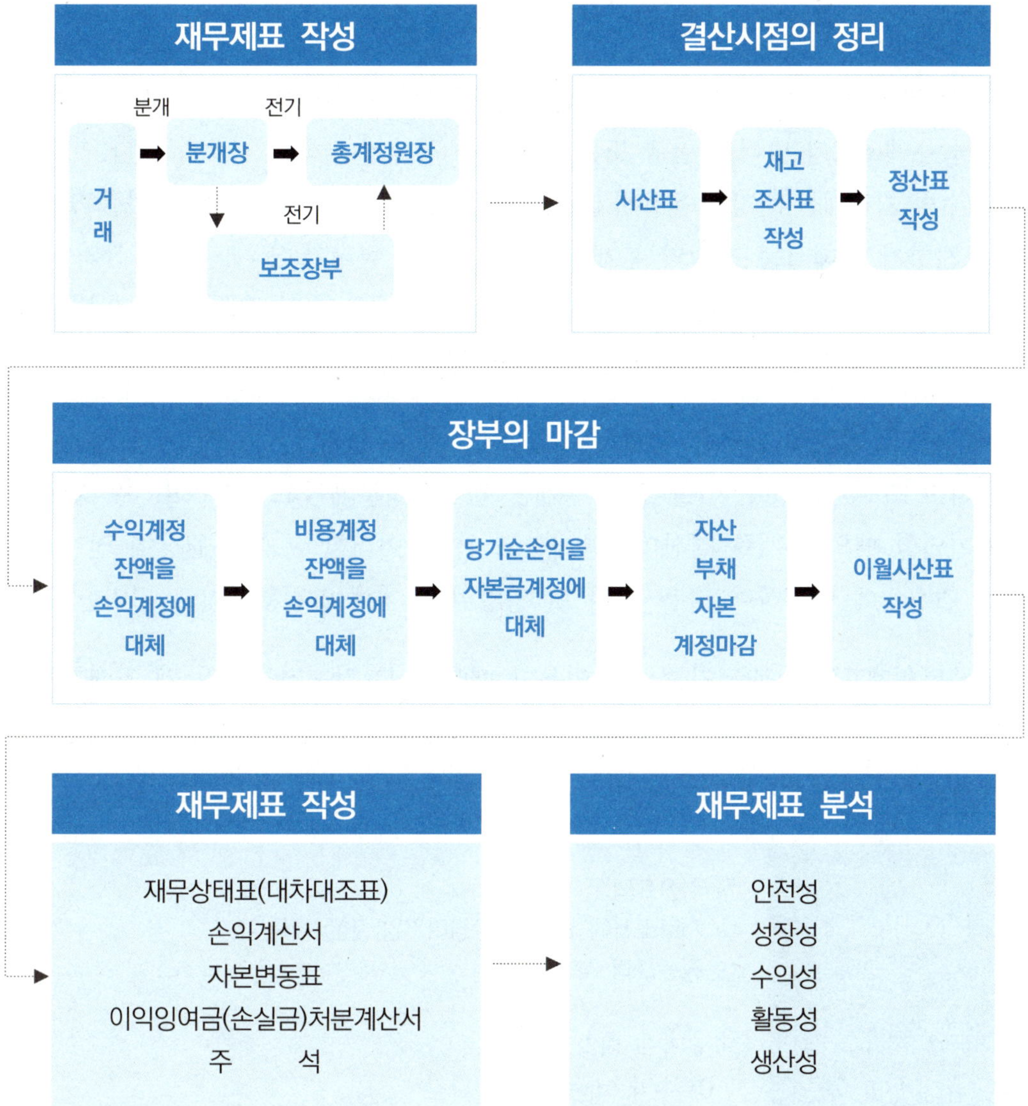

[그림 4-1] **결산의 회계처리절차**

2. 결산의 절차

결산절차란 결산의 순서와 그 수속을 의미한다. 절차의 순서를 보면 ①각종 장부를 마감하기 전에 시산표와 재고조사표를 작성하여 수정분개를 행하는 결산예비절차, ②각종장부를 마감하는 결산 본 절차, ③손익계산서 및 재무상태표 등과 같이 재무제표를 작성하는 결산보고서를 작성하는 절차로 이루어진다.

농업회계처리에 있어서도 농업의 특수성을 감안하여 결산의 절차를 취해야 한다. 농산물은 제조업과 달리 다년생 또는 결산기를 지나 수확하는 경우가 많다. 따라서 각 기수별 기간계산 원칙을 적용하고 그 기간 동안의 재산상태와 경영성과를 명확하게 표시하기 위해서는 기존의 분개사항을 수정 할 필요가 있다. 즉, 자산의 가치변동, 재고자산의 감소, 대손의 발생, 감가상각 등의 이유로 잔액이 일치하지 않는다. 또 수익과 비용은 현금의 수수와 인식시점이 달라 일치하지 않는 경우가 발생한다.

따라서 각 계정의 잔액을 실제액과 일치하도록 수정해야 하는데 이를 결산예비절차라고 할 수 있으며, 이를 위한 분개를 결산수정분개라고 한다. 또 손익계정을 대체기입할 때의 분개를 결산마감분개라고 한다. 이러한 분개를 원장에 전기하는 일은 결산일에 발생하며 다음 기의 첫 영업일에 다시 환원분개기표 처리한다.

컴퓨터회계프로그램을 기준으로 이용할 때에는 1) 기초정보관리 2) 거래처등록 3) 계정과목 및 적요 등록 4) 당해 연도거래의 입력 5) 결산정리사항의 입력만으로 재무제표가 정리되어 출력된다.

결산예비절차	㉮ 시산표의 작성 ㉯ 재고조사에 의한 결산정리기입(결산수정분개) ㉰ 정산표의 작성
결산본절차	㉮ 원장의 마감 0. 수익, 비용 계정의 마감 0. 자산, 부채, 자본 계정의 이월 기입 ㉯ 이월시산표의 작성 ㉰ 보조장부의 마감
결산보고서의 작성	㉮ 재무상태표(대차대조표) ㉯ 손익계산서 ㉰ 자본변동표 ㉱ 이익잉여금(손실금)처분계산서 ㉲ 주석

3. 결산정리사항

기말에 작성하는 시산표로는 정확한 재무상태와 경영성과를 측정할 수 없다. 왜냐하면 반영되지 않은 재무상태와 손익거래가 존재하기 때문에 기간손익계산이 정확히 반영되어야 한다. 예를 들어 각 계정의 현금을 비롯한 유형자산의 재고 수량, 유가증권의 장부상 금액과 시가의 차이, 건물·대농기구의 감가액과 매출채권의 대손추정액 등을 조사·작성하여 결산시점의 재무상태에 반영하는 것이다

따라서 재무상태에 반영할 부분을 수정 계산 절차를 취하는 것을 결산의 정리라고 한다. 즉 결산시점의 재무상태에 반영하는 절차이다.

결산정리사항은 일람표를 모아서 기입한다. 일람표에는 여러 가지 형식과 기재방법이 있으며, 특별히 정해진 형식이 있지는 않다.

≪자산·부채·자본의 결산정리사항≫

- 각 저장품(비료, 사료, 농약 등)을 재고조사하고 장부와 일치여부 확인 및 과부족품 기표처리
- 미수확물을 파악하고 이에 투입된 각종 농자재를 안분계산 후 비용 환입처리
- 건물, 농기계 등 고정자산의 법정내용연수를 파악하고 감가상각처리
- 미수채권에 대한 대손충당금 설정과 회수불능채권의 대손상각처리
- 수익과 비용의 인식시점에 따른 회계 처리
- 그 밖의 현금 등 장부와 일치여부 확인 및 과부족처리 등

가. 재고조사표 작성

원장에서의 결산절차를 보다 쉽게 하기 위하여 각 계정의 정리사항을 모은 일람표를 재고조사표(inventory)라고 한다. 농업경영체의 정확한 재무상태와 경영성과를 파악하기 위해서는 각 계정의 장부잔액을 실제 재고액과 일치시켜야 한다. 이때 각종 영농자재, 저장품, 미판매농산물 등의 재고조사를 실시하여 실제재고와 장부상의 재고가 일치하는지를 검사한다. 만약 일치하지 않는다면 원인을 찾아내어 장부를 정정한다.

예를 들어, 기말결산 시 미사용 농자재와 미수확작물이 있을 경우 다음과 같이 분개처리 한다.

(1) 저장품

결산을 위하여 재고조사결과 미사용 비료가 있을 경우 당기비용에서 차감하여 당기손익에 이를 반영하여야 한다.

예시 건하농장은 재고조사표 실사결과 미사용된 비료의 재고가 10kg(1kg@₩8,700)이 있다.

(차변) 저장품 87,000 (대변) 비료비 87,000

참고

비료, 농약, 종묘 등 농업용자재 구입에 따른 회계처리방법은 비용계정처리와 자산계정처리로 나누어 볼 수 있다.

① **비용계정처리**
당기에 대부분 소진되는 농작물 재배 시에 주로 이용하며, 결산 시 재고가 발생할 경우 저장품으로 처리한다.

② **자산계정처리**
다년생 과수작목의 재배와 같이 일시에 많은 양을 구입하는 경우 회계처리하며, 결산시에 사용한만큼 비용으로 계상한다.

(2) 미수확작물(미수확농산물)

결산을 위하여 재고조사결과 미수확된 작물이 있는 경우 당기손익에 이를 반영하여야 한다.

예시 건하농장은 농산물의 수확 및 재배농산물의 재고조사결과 실내하우스의 양배추가 있다. 미수확비율은 30%이며, 양배추재배에 투입된 비료비와 모종비는 각각 ₩260,000과 ₩100,000이다.

(차변)		(대변)	
미수확작물	108,000	비료비	78,000
		종묘비	30,000

*비료비 : 260,000 × 30% = 78,000원
*모종비 : 100,000 × 30% = 30,000원

□ **재고조사표에 의한 분개예시는 다음과 같다.**

재고조사표

20x1년 12월 31일

농장명 : 건하농장 (단위 : 원)

계정과목	적요		금액
(1)미판매농산물	쌀(1,000kg)		2,400,000
	보리쌀(200Kg)		500,000
(2)미수확작물	비료비	45,000	289,000
	농약비	12,000	
	종묘비	32,000	
	임차료	200,000	
(3)저장품	비료		300,000
	농약		56,000
(4)대농기구	감가상각(직접법)		3,000,000
(5)건물	감가상각(직접법)		1,000,000
(6)비품	감가상각(직접법)		240,000
(7)외상매출금	대손충당금 설정		10,000

≪결산정리분개≫

(단위 : 원)

구분	일자	〈차 변〉		〈대 변〉	
(1)	12/31	수확물(쌀)	2,400,000	생장물(쌀)	2,400,000
		수확물(보리쌀)	500,000	생장물(보리쌀)	500,000
(2)	12/31	미수확작물	289,000	비료비	45,000
				농약비	12,000
				종묘비	32,000
				임차료	200,000
(3)	12/31	저장품	356,000	비료비	300,000
				농약비	56,000
(4)	12/31	감가상각비	3,000,000	대농기구	3,000,000
(5)	12/31	감가상각비	1,000,000	건물	1,000,000
(6)	12/31	감가상각비	240,000	비품	240,000
(7)	12/31	대손상각비	10,000	대손충당금	10,000

나. 유형자산의 감가상각비 계상

유형자산에 대한 감가상각비의 회계처리는 감가상각충당금을 설정하는 간접법이 바람직하나 소규모의 경우 직접법으로 처리할 수도 있다.

예시 감가상각비의 처리

건하농장은 재고조사결과 경운기 ₩150,000, 건물 ₩600,000, 비품 ₩50,000, 차량운반구 ₩100,000에 대하여 감가상각하다.

〔간접법〕

(차변)		(대변)	
감가상각비	900,000	감가상각누계액	900,000

〔직접법〕

(차변)		(대변)	
감가상각비	900,000	대농기구	150,000
		건물	600,000
		비품	50,000
		차량운반구	100,000

다. 감가상각비 계산방법

(1) 건물, 구축물 및 대농기구

$$감가상각비 = \frac{취득가격-잔존가격}{내용연수}$$

(가) 취득가격

일반적으로 감가상각에서 기초가 되는 자본재의 가격은 취득가격(구입가격, 생산가격)에 의하는 것이 통례이다. 농업회계에서도 조사시작 당시에 동일한 농기구를 구입하거나 건축물을 신축할 경우의 조달가격을 기준으로 감가상각을 한다. 이와 같이 계산하는 것은 매년 상각비 적립을 통하여 투입된 고정자산을 회수함으로써 상각 종료 후 동종의 자본재를 신규로 구입시 해당기관의 자산가치의 하락을 비용에 반영하여 기간손익계산을 명확하게 하며 구입가격을 현실화시켜주기 위함이다.

(나) 잔존가격

잔존가격이란 내용연수가 경과한 후 이를 처분할 때의 가격을 말하는데 농업회계에서는 잔존가액을 0%로 하고 있다.

(2) 대동물 감가상각

번식우, 착유우, 번식돈과 같이 송아지, 우유, 자돈 등의 생산물을 생산하는 데 다년간 이용되는 가축은 고정자본재의 성격을 가지는 것으로서 내용년수가 경과함에 의해 본래의 목적에서 가치를 상실하게 된다. 따라서 해당 동물의 상각을 실시해야 한다.

용역기에 있는 것은 감가상각비를 계산하여야 하는데, 일반적으로 구입가격이 폐기가격보다 클 경우에만 감가상각비를 계산하며, 구입가격이 폐기가격보다 같거나 작은 경우에는 계산하지 않는다.

≪성숙 - 생물자산의 감가상각처리≫

유형자산에 속하는 성숙-생물자산의 감각상각은 해당 생물의 성숙시점을 기준으로 한다. 성숙시점은 젖소의 경우 첫 출산 시, 번식용 가축의 경우 첫 출산을 위한 교배 시, 다년생 식물의 경우 수확물의 수익과 비용이 거의 같아지는 연도로 한다. 〈농업회계 가이드라인, 10(다)〉

예시 젖소 감가상각

$$\text{감가상각비} = \frac{\text{취득가격(육성비)} - \text{잔존가격}}{\text{내용연수}}$$

(가) 취득가격(육성비)

경산우(經産牛)를 취득한 경우에는 구입가격에 구입제비용을 더한 것이 취득가격이고, 자가 육성시킨 경우에는 초산상태에 이르기까지 투입한 육성비를 취득가격으로 평가한다. 그러나 다두사육을 하는 경우 개체별 구입가격과 육성비 파악이 어려우므로 조사된 시장 거래가격(과거 3년간 초산우 산지가격평균)을 취득가격으로 한다.

(나) 잔존가격

착유우가 착유우로서의 내용연수가 경과했을 때 소위 노폐사의 평가액으로 하며, 노폐시의 가치평가는 폐기당시의 추정가격으로 한다. 축산물 생산비계산에서는 젖소의 산지가격과 노폐우 거래가격을 기초로 50%의 잔존가격을 적용하고 있다.

(다) 내용연수

생산에 제공할 수 있는 내용연수는 가축의 건강상태, 사육방법, 사료의 조건에 따라 차이가 나므로 개체별로 현재까지의 경과연수와 향후 이용가능연수를 합하여 내용연수로 계상하는 것이 원칙이다. 그러나 축산물생산비 계산에서는 각종 연구기관에서 조사된 전국 평균착유우 내용연수 4년을 적용하고 있다.

(3) 대식물 감가상각

대식물은 사과, 배, 복숭아, 포도, 대추, 감귤 등 주로 목본성 과수작물을 말한다. 대식물은 고정자산으로서 육성기와 용역기로 구분할 수 있는데 용역기에 있는 대식물은 감가상각비를 계상하고 육성기에 있는 대식물은 증가계산을 한다. 여기서 육성기란 비용이 수익보다 클 때를 말하며, 용역기란 수익이 비용보다 클 때를 말한다.

예시 사과나무 감가상각

$$감가상각비 = \frac{취득가격(육성비) - 잔존가격}{내용연수}$$

육성기에 있는 대식물에 사용한 비료, 농약, 자재 등이 처음부터 자산계정으로 처리되었을 경우, 해당금액을 '미성숙-생물자산' 또는 '대식물' 계정으로 결산 시에 대체 기입한다. 그래야만 육성기간 중의 증가액을 산출할 수 있으며, 당해 자산을 파악할 수가 있다.

따라서 육성기에 있는 대식물자산의 증가는 편의상 해마다 시가로서 평가할 수도 있지만, 유형자산의 평가기준으로 볼 때 취득원가인 생산원가계산의 개념으로 접근해야 한다.

라. 현금과부족

기말결산 시 재공품의 장부잔액과 실제금액을 비교하여 부족하거나 초과금액이 있는 경우, 초과할 경우에는 잡이익으로 부족할 경우에는 잡손실로 회계처리하여 당기손익에 반영하여야 한다.

분개 ① 20x1년 12월 31일, 기말결산 시 현금의 장부금액이 ₩2,000,000, 실제 금액이 ₩1,900,000인 경우

(차변) 잡손실 100,000　　　(대변) 현금과부족 100,000

② 20x1년 12월 31일, 기말 결산 시 현금의 장부금액이 ₩2,000,000, 실제 금액이 ₩2,100,000인 경우

(차변) 현금 100,000　　　(대변) 잡이익 100,000

마. 수익과 비용의 정리

손익은 사업연도별로 구분해서 계산된다. 그 사업연도에 발생한 비용과 수익은 그 사업연도 내에 모두 계상해서 정확한 손익계산을 할 필요가 있다. 정확한 손익계산을 하기 위해서는 그 사업연도에 속하지 않는 비용과 수익을 빼고, 그 사업연도에 포함시켜야 될 것은 포함시키는 조정을 해야 한다. 이것을 비용 및 수익의 이연, 예상이라고 한다.

(1) 선급비용·선수수익

기말 결산시 차기회계기간의 비용을 미리 지급한 경우 또는 차기회계기간 중의 수익을 미리 받은 경우 이를 회계처리하여 당기손익의 기간계산에 반영하여야 한다.

분개 ① 20x1년 12월 31일, 기말결산 시 이미 지급한 자동차보험료 ₩500,000은 다음회계기간에 해당하다.

(차변) 선급비용 500,000　　　(대변) 보험료 500,000

② 20x1년 12월 31일, 기말결산 시 이미 받은 농산물저장고의 임대료 ₩200,000은 내년도에 해당하는 임대료이다

(차변) 임대료 200,000　　　(대변) 선수수익 200,000

(2) 미지급비용·미수수익

기말결산 시 당기 년도의 비용에 해당하나 대금지급이 되지 않을 경우 또는 당기 년도의 수익에 해당하나 대금결제가 되지 않은 경우 이를 회계처리하여 당기손익에 반영하여야 한다.

예시 ① 20x1년 12월 31일, 기말결산 시 저온저장고 시설보수비는 ₩700,000은 내년도 초에 지급할 예정이다.

(차변) 시설보수비 700,000 (대변) 미지급비용 700,000

② 20x1년 12월 31일, 기말결산 시 당기분 양곡창고의 임대료 ₩300,000은 내년도에 받을 예정이다.

(차변) 미수수익 300,000 (대변) 수입임대료 300,000

☞ 결산기말의 '수익과 비용의 정리사항'에 대한 이해를 돕기 위해 〈p164〉에 보충설명을 해두었다.

바. 충당금 설정

충당금은 장래의 특정한 비용 또는 손실에 대해서 미리 준비하여 계상하는 것이다. 충당금은 그 발생 원인이 당기보다 이전의 상황에 의한 것으로 그 부담이 당해 사업연도에 속하는 것이어야 하며, 또한 발생가능성이 높고 그 금액을 합리적으로 추정할 수 있다는 조건을 만족해야만 계상할 수 있다.

(1) 대손충당금 설정

대손이란 매출채권의 회수가 불가능하게 되어 손실을 인식하는 것이다. 예를 들어, 받을어음, 외상매출금 또는 대여금 등의 수취채권은 매출처의 도산 등으로 차기 이후에 회수가 가능하지 않을 수도 있다. 기말에 매출채권에 대하여 회수가능성을 판단하여 회수가 불확실한 채권에 대하여는 대손충당금을 설정하여야 한다. 그래서 미리 기말의 미회수액에 대해서 대손예상액을 준비해 둔다. 이 대손충당금은 자산부분의 차감항목으로 계상된다.

예시 20x1년 12월 31일, 기말 매출채권 잔액이 ₩2,000,000이고, 대손추정률은 1%이다.

(차변) 대손상각비 20,000 (대변) 대손충당금 20,000

* 계산근거 : 2,000,000 × 1% = 20,000원

(2) 퇴직급여충당금 설정

퇴직급여충당부채(또는 퇴직급여충당금)는 종업원의 퇴직 시 퇴직금을 예상하여 설정되는 준비액이다. 즉, 회계연도 말 결산 시 현재 퇴직금제도 및 확정급여형퇴직연금제도에 따라 퇴직급여를 지급해야 하는 종업원이 일시에 퇴직할 경우 지급해야 할 퇴직금에 상당하는 금액을 설정해야 한다.

퇴직급여는 종업원의 업무성격에 따라 생물자산의 생산에 종사하면 생산원가에 편입하고 사무실 및 판매장에 종사하면 판매비와 관리비에 계상한다. 퇴직급여충당부채는 고정부채에 속한다.

예시 20x1년 12월 31일, 건하농장은 종업원의 퇴직금 ₩3,000,000을 설정하다.
(차변) 퇴직급여 3,000,000 (대변) 퇴직급여충당부채 3,000,000

사. 인출금계정의 정리

농업경영체의 경영성과를 명확히 파악하고 비교가능성을 높이기 위해서는 가계와 경영의 회계적 분리가 필요하다. 하지만 개인 농업경영체는 경영과 가계를 분리하여 회계처리 하는 것이 어렵다. 그래서 인출금계정은 농장경영과 가계경영 간의 거래로 가계에서 발생한 지출을 개인계정인 인출금계정(차변)에 기록한다. 인출금계정은 자본금계정의 평가계정으로 농장주의 개인계정이다.

결산 시에는 자본금 계정에 대체하는 방식으로 회계처리한다. 따라서 결산이 되면 인출금계정의 잔액을 자본금계정에 옮기고, 자본금의 금액을 수정한다. 즉 자본금의 현재액은 자본금계정의 대변합계액에서 인출금계정의 차변합계액을 차감하면 된다.

예시 ① 20x1년 8월 10일 장남의 대학등록금을 마련하기 위해 번식우 1마리를 ₩4,000,000에 판매하였다.
(차변) 인출금 4,000,000 (대변) 대동물 4,000,000

② 20x1년 12월 31일, 기말결산 시 인출금계정 차변잔액 ₩4,000,000을 정리하다.
(차변) 자본금 4,000,000 (대변) 인출금 4,000,000

✔ 보충설명

≪ 결산 시 수익과 비용의 수정분개 ≫

회계적 일련의 거래가 2기 이상의 회계기간에 걸쳐 영향을 미친다면 어느 회계기간의 수익 및 비용으로 처리할 것인지가 중요한 이슈가 될 수 있다. 따라서 결산 시에 적절한 수정분개로 기간손익계산에 명확성을 기하여야 한다. 수정분개의 대상항목은 크게 발생항목과 이연항목으로 구분된다.

발생(accruals)이란 회계거래가 발생하였으나 아직 현금으로 수취하거나 지급하지 않은 경우를 말한다. 즉, 발생항목에 대한 수정분개는 당해기간에 발생했으나 아직 인식하지 않은 거래에 대한 것이다. 관련 계정과목으로는 미지급비용과 미수수익이 있다.

이연(deferrals)이란 회계기간 말에 해당계정의 잔액 중 일부를 다음 회계기간 이후의 몫으로 넘겨주는 회계처리를 말한다. 즉, 이연항목에 대한 수정분개는 현금 수취 또는 지급과 관련된 거래는 기록했으나 당해 회계연도에 회계처리대상 거래가 발생하지 않은 금액에 대해서는 다음 연도로 이연시키는 분개다. 관련 계정과목으로는 선급비용과 선수수익이 있다.

수익과 비용의 인식에 따른 수정분개 대상항목

구 분	거 래 의 유 형	계 정 과 목
발생항목	경제적 사건이 발생하였으나 현금으로 수취하지 않았거나 지급하지 않은 거래	미수수익, 미지급비용
이연항목	경제적 사건이 발생하기 전에 미리 현금을 수취하거나 지급한 거래	선급비용, 선수수익

가. 수익의 이연과 예상

(1) 수익의 이연

현금은 이미 유입되었으나 결산일 현재 수익이 발생하지 않았다면 수익을 인식하지 않아야 한다. 이 때 선수한 수익은 선수수익이라는 부채로 인식한다. 즉, 당기에 발생한 수익 중 차기에 속하는 금액은 당기수익에서 차감하여 선수수익으로 처리해서 차기로 이월하는 것을 수익의 이연이라고 한다.

선수수익에는 선수이자, 선수임대료, 선수수수료 등이 있으나 통합하여 선수수익이라는 계정 과목을 사용해도 된다.

예시 20x1년 7월 1일, 앞으로 1년분 임대료 ₩500,000을 수납한 경우에 회계처리는 다음과 같다.

◎ 20x1. 7. 1

(차) 현금 500,000　　　　(대) 임대료 500,000

◎ 20x1. 12. 31

(차) 임대료 250,000　　　　(대) 선수임대료 250,000

◎ 20x2. 1. 1

(차) 선수임대료 250,000　　　　(대) 임대료 250,000

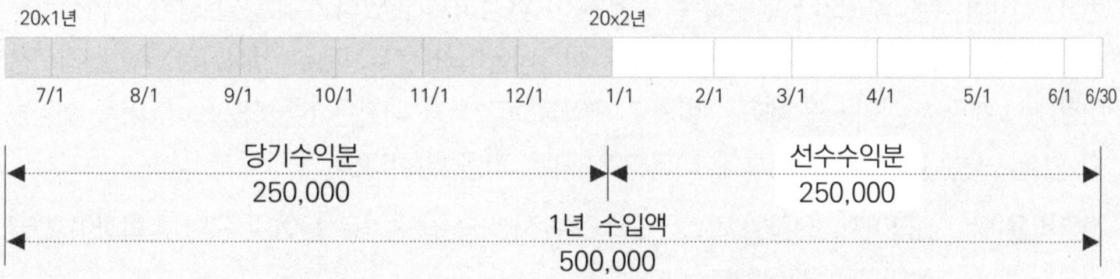

(2) 수익의 예상

수익으로 발생은 하였으나 결산일 현재 현금을 수령하지 않았다면 발생된 수익을 인식해야 한다. 이때 발생주의원칙에 따라 수익으로 인식된 금액을 미수수익으로 처리하여 자산으로 계상하는 것을 말한다. 즉, 당기에 속하는 수익이나 아직 수입되지 않은 것은 미수수익으로 처리해서 당기수익에 가산하는 것을 수익의 예상이라고 한다.

미수수익에는 미수이자, 미수임대료, 미수수수료 등이 있으나 통합하여 미수수익이라는 계정 과목을 사용해도 된다.

예시 건하농장은 여유자금 ₩10,000,000을 연 2%의 이율로 1년간(20x1년 7월 1일~20x2년 6월 30일) 농협에 예치하였다. 이자는 원금과 함께 받기로 한 경우에 회계처리는 다음과 같다. (이자소득세는 고려하지 않음)

◎ 20x1. 12. 31

(차) 미수수익 100,000　　　　(대) 이자수익 100,000

◎ 20x2. 1. 1

(차) 이자수익 100,000　　　　(대) 미수수익 100,000

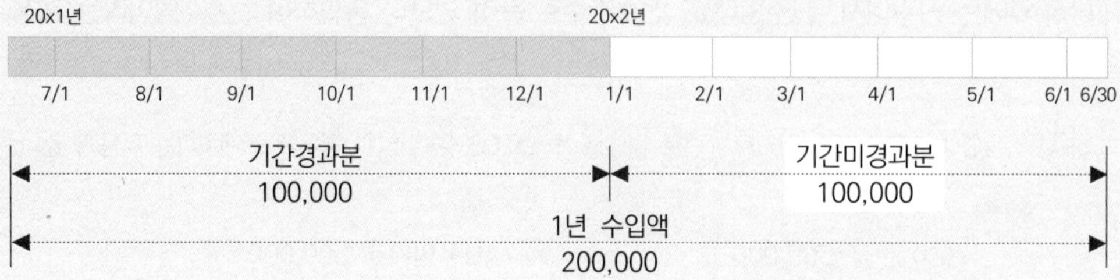

나. 비용의 이연과 예상

(1) 비용의 이연

현금은 이미 유출되었으나 결산일 현재 비용이 발생하지 않았다면 비용을 당기에 인식하지 않고 이연시켜야 한다. 이때 선급한 비용은 선급비용이라는 자산으로 인식한다. 즉, 선급비용이란 계속적으로 서비스의 제공을 받기로 계약을 체결하고 대금은 선납하였으나, 아직 제공받지 않은 부분 중 결산일 이후에 비용으로 되는 것을 말한다.

선급비용에는 선급이자, 선급임차료, 선급차량유지비, 선급보험료 등이 있으나 통합하여 선급비용이라는 계정과목을 사용해도 된다.

예시 건하농장은 20x1년 7월 1일에 앞으로 1년분 보험료 ₩400,000을 현금으로 납부한 경우에 회계처리는 다음과 같다.

◎ 20x1. 7. 1
(차) 보험료 400,000 (대) 현금 400,000

◎ 20x1. 12. 31
(차) 선급보험료 200,000 (대) 보험료 200,000

◎ 20x2. 1. 1
(차) 보험료 200,000 (대) 선급보험료 200,000

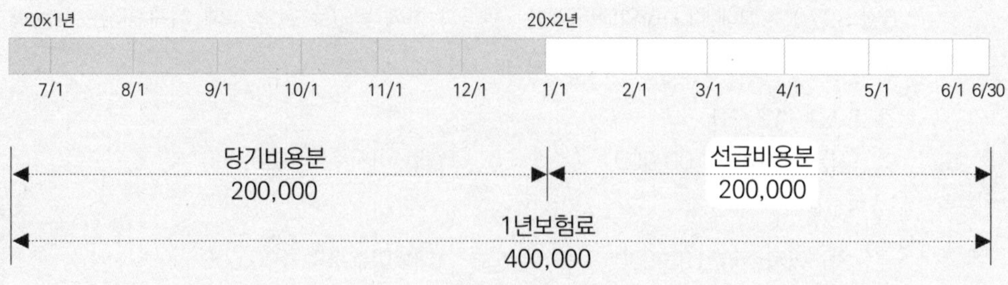

(2) 비용의 예상

비용은 발생하였으나 결산일 현재 현금을 지급하지 않았다면 발생된 비용을 인식하여야 한다. 이때 비용으로 인식된 금액을 미지급비용으로 처리하여 부채로 계상하는 것을 말한다. 즉, 당기에 속하는 비용이나 아직 지급되지 않은 것을 미지급비용으로 처리해서 당기비용에 가산하는 것을 비용의 예상이라고 한다.

미지급비용에는 미지급이자, 미지급임차료, 미지급보험료 등이 있으나 통합하여 미지급비용이라는 계정과목을 사용해도 된다.

예시 건하농장은 농협으로부터 융자받은 ₩5,000,000에 대한 연 2%의 이자 ₩100,000을 20x1년 12월 31일까지 납부하여야 함에도 불구하고 해외여행 중으로 인해 대출금이자를 납부하지 못했다.

◎ 20x1. 12. 31
(차) 이자비용 100,000 (대) 미지급비용 100,000

◎ 20x2. 1. 1
(차) 미지급비용 100,000 (대) 이자비용 100,000

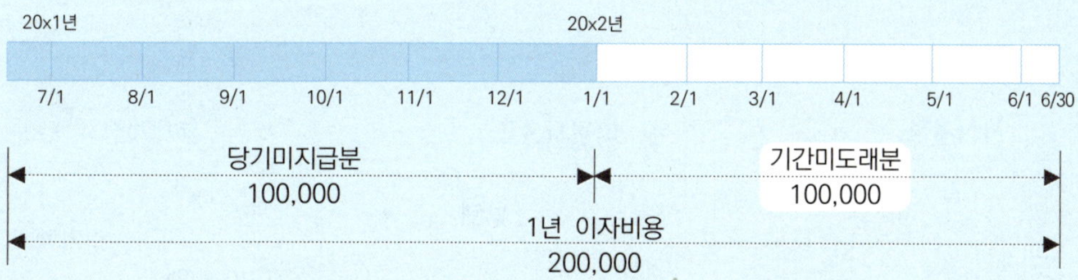

Ⅱ 결산본절차와 장부의 마감

1. 결산본절차의 의의

결산예비절차로서 재고조사표 및 정확한 회계기간손익 계산근기 등에 의하여 수정분개처리를 한 후 총계정원장의 각 계정계좌를 수정기입을 하여야 하는데 이를 결산정리라고 한다. 이 결산정리가 끝나면 다음에는 총계정원장의 각 계정계좌를 마감(closing accounts)하여야 하며 그 외의 각종 장부를 마감하는 것이 결산본절차인 것이다.

결산본절차의 계정이체흐름을 종합하여 예시해 보면 다음 도표 그림과 같다.

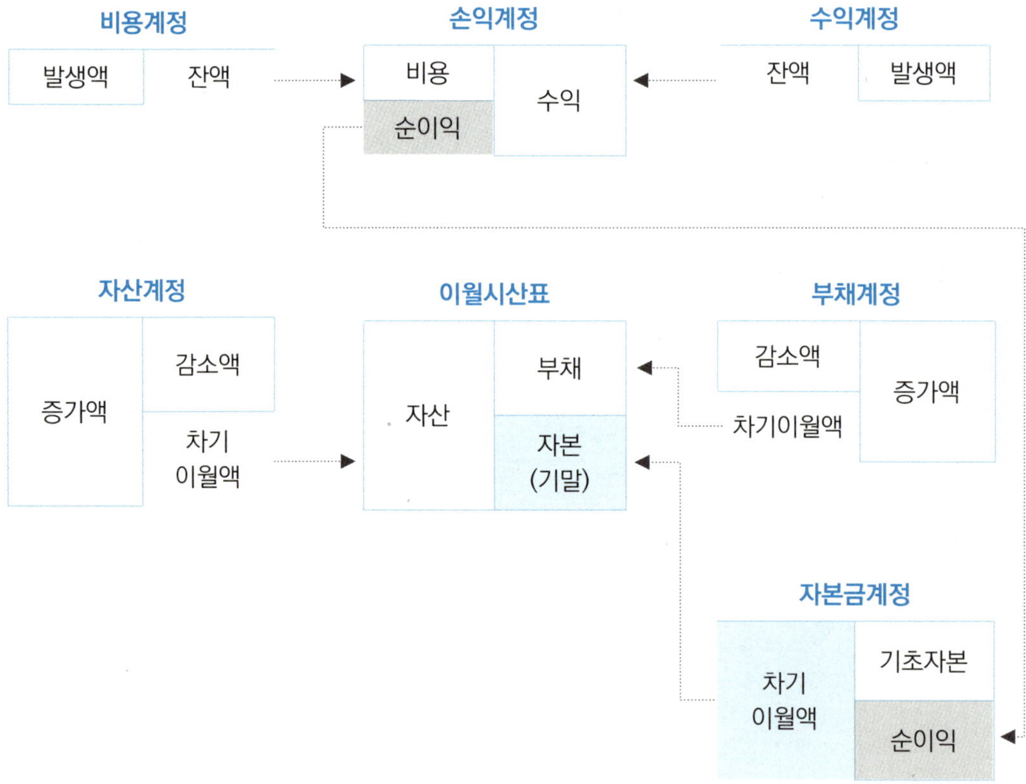

[그림 4-2] **결산본절차의 계정이체흐름**

2. 손익계정의 대체와 계정의 마감

가. 수익·비용계정의 손익계정 대체

한 회계기간의 당기순손익 계산을 위해 수익과 비용을 집계하여 총계정원장에 손익계정을 설정하고, 여기에 수익과 비용의 각 계정잔액을 대체한 후 마감한다.

예시

비료비계정

300,000	

손익계정

⬇

비료비계정

300,000	손익 300,000

손익계정

비료비 300,000	

〈대체분개〉

(차변) 손익 300,000 (대변) 비료비 300,000

대체분개를 실시하여 비료비계정의 대변에 차변과 같은 금액을 기입하여 차변과 대변의 금액을 일치시킨다. 그리고 상대계정을 기입한다. 역시 손익계정의 차변에도 그 금액과 동일한 금액과 계정을 기입하면 전체적으로는 차변과 대변에 동일한 금액이 기입되므로 대차합계에는 차이가 생기지 않는다.

나. 당기순손익의 자본금계정 대체

손익계정에서 계산된 수익과 비용의 차액인 당기순손익을 자본금계정에 대체한다. 이때 순이익의 경우는 자본금계정의 대변에, 순손실의 경우는 차변에 대체한다.

예시

손익계정

농약비	500,000	판매	1,500,000
비닐자재비	300,000		
지급임차료	200,000		
지급이자	100,000		

자본금계정

		전기이월	2,000,0000

손익계정

농약비	500,000	판매	1,500,000
비닐자재비	300,000		
지급임차료	200,000		
지급이자	100,000		
자본금	400,000		
	1,500,000		1,500,000

자본금계정

차기이월	2,400,000	전기이월	2,000,0000
		손익	400,000
	2,400,000		2,400,000

〈대체분개〉

(차변) 손익 400,000 (대변) 자본금 400,000

당기순이익은 자본금계정의 대변에 대체함으로 인해 자본의 증가 ₩400,000이 발생하게 된다.

다. 재무상태표계정 마감

자산계정은 차변의 합계액이 대변의 합계액보다 커서 차변에 잔액이 발생하므로 결산일에 대변에 "차기이월"이라고 쓰고, 잔액은 적색으로 기입하여 대차금액을 일치시켜 마감한다.

또한 부채 및 자본계정은 대변에 잔액이 발생하므로 결산일에 차변에 "차기이월"이라고 쓰고, 잔액을 적색으로 기입하여 대차금액을 일치시켜 마감한다. 이를 "이월기입"이라고 한다.

참고로 자산·부채·자본 계정 마감 시는 결산대체분개를 하지 않는다. 손익계정의 결산대체 분개절차와는 다르다.

예시 건하농장의 사과재배경영 회계처리계정을 예시로 들어본다.

재무상태표계정 현황

(1) 현금계정

5,000,000	

(2) 외상매출금계정

1,000,000	

(3) 수확물계정

2,000,000	

(4) 건물계정

7,000,000	

(5) 반기차입금계정

	5,000,000

(6) 외상매입금계정

	4,000,000

(7) 감가상각누계액계정

	1,000,000

(8) 자본금계정

	5,000,000

자산계정은 대변에, 부채와 자본계정은 차변에 차기이월로 기입 후 마감한다.

현금계정

월일		적 요	분면	차변	월일		적 요	분면	대변
11	15	사과판매	1	5,000,000	12	31	차기이월	✓	5,000,000

외상매출금계정

월일		적 요	분면	차변	월일		적 요	분면	대변
11	30	사과판매	2	1,000,000	12	31	차기이월	✓	1,000,000

수확물계정

월일		적 요	분면	차변	월일		적 요	분면	대변
11	30	사과 미판매분	3	2,000,000	12	31	차기이월	✓	2,000,000

건물계정

월일		적 요	분면	차변	월일		적 요	분면	대변
10	15	저온저장고 구입	4	7,000,000	12	31	차기이월	✓	7,000,000

단기차입금계정

월일		적 요	분면	차변	월일		적 요	분면	대변
12	31	차기이월	✓	5,000,000	8	7	농업자금	5	5,000,000

외상매입금계정

월일		적 요	분면	차변	월일		적 요	분면	대변
12	31	차기이월	✓	4,000,000	7	20	영농자재구입	6	4,000,000

감가상각누계액계정

월일		적 요	분면	차변	월일		적 요	분면	대변
12	31	차기이월	✓	1,000,000	12	31	감가상각처리	7	1,000,000

자본금계정

월일		적 요	분면	차변	월일		적 요	분면	대변
12	31	차기이월	✓	5,000,000	11	30	현금	8	5,000,000

라. 이월시산표 작성 및 장부 마감

자산, 부채 및 자본의 각 계정의 마감이 끝나면 각 계정의 이월액의 계산과 기장이 정확히 이루어져 있는가를 확인하기 위해 결산일에 각 계정계좌의 차기이월액을 합계하여 이월시산표를 작성한다.

이 월 시 산 표

20X1. 12. 31

농장명:건하농장 (단위 : 원)

차변	원면	계정과목	대변
5,000,000	1	현금	
1,000,000	2	외상매출금	
2,000,000	3	수확물	
7,000,000	4	건물	
	5	단기차입금	5,000,000
	6	외상매입금	4,000,000
	7	감가상각누계액	1,000,000
	8	자본금	5,000,000
15,000,000		합 계	15,000,000

(1) 분개장 및 각 보조부 마감

결산정리기입을 마치고 분개장을 포함한 각종 보조장부를 마감하여 대차대조표와 손익계산서를 작성하면 결산이 완료된다.

(가) 분개장 마감

분개장의 차변금액과 대변금액을 각각 합계하여 같은 줄로서 마감을 한다. 이월시산표의 대·차변의 각 합계액과 분개장의 대·차변의 각 합계액이 일치되며 대차평균의 원리가 이루어지는 것이다.

(나) 보조부 마감

매입처원장과 매출처원장의 마감은 총계정원장 내의 각 계정의 마감법과 같다. 현금출납장은 기말의 결산일 현재의 잔액을 지출란에 주기(朱記)하고 수입란과 지출란의 금액을 평균되게 하여 마감한다. 그 이유는 "현금수입총액 = 현금현재액 + 현금지출총액"이기 때문이며 마감줄 다음에 차년도의 첫 날짜로 「전기이월」이라고 기입한다. 매입장과 매출장은 금액란의 합계를 산출하여 마감한다.

(2) 결산 후 절차

결산본절차에서 손익계산서계정인 손실과 이익 등의 계정에 대한 마감절차와 대차대조표계정인 자산, 부채, 자본 등의 계정에 대한 마감절차가 끝나면 바로 농업경영기간 중의 재정상태와 손익상태를 명백히 표기하기 위하여 결산보고서를 작성하여야 한다. 이 결산보고서를 구성하고 하고 있는 것이 곧 재무제표이다.

Ⅲ 재무제표의 작성

1. 결산재무제표 작성의 의의

재무제표(financial statements)란 사업연도의 일정기간동안의 경영성적과 특정시점의 재무상태를 체계적으로 나타내는 보고서를 말한다. 그래서 기업이 외부이해관계자들에게 기업의 재무상태와 경영성과 등을 알려주기 위하여 작성하는 일련의 표라고 말한다. 또 연말에 결산을 해서 만드는 서류라는 의미에서 결산서라고도 한다.

흔히들 회계의 종착역은 재무제표라고 말한다. 회계의 일생은 어떠한가. 가계부를 매년 작성하듯이 회계도 거의 1년을 단위로 작성하는데, 전표를 작성하고 장부를 만들고 마지막으로 재무제표를 만드는 것이 회계의 일생이다. 따라서 회계의 종착역은 재무제표이고 재무제표를 만들고 나면 회계의 일생은 끝나는 것이다. 그런데 요즘은 회계처리를 전산화로 처리할 경우 전표를 입력하면 컴퓨터가 알아서 재무제표를 자동으로 만들어주기 때문에 재무제표 작성에 대한 번거로움을 덜어주기도 한다.

우리나라에서 적용되는 회계기준은 한국채택국제회계기준(K-IFRS), 일반기업회계기준, 중소기업회계기준이 있다. 각 회계기준에서는 다음과 같이 재무제표를 규정하고 있다.

〈표 4-1〉 **회계기준별 재무제표규정**

한국채택국제회계기준(K-IFRS)	일반기업회계기준	중소기업회계기준
재무상태표	재무상태표	대차대조표
포괄손익계산서	손익계산서	손익계산서
자본변동표	자본변동표	자본변동표
현금흐름표	현금흐름표	이익잉여금처분계산서 (또는 결손금처리계산서)
주석	주석	주석

농업회계처리지침(가이드라인)에서는 "재무제표 작성과 표시에 과한 사항은 중소기업회계기준에 따른다."고 적시되어 있다. 따라서 중소기업회계기준의 재무제표는 ①대차대조표 ②손익계산서 ③자본변동표 ④이익잉여금처분계산서(결손금처리계산서)가 있다. 하지만, 자본변동표나 이익잉여금처분계산서(결손금처리계산서)의 경우 하나를 선택하여 작성하면 된다. 여기에서 자본변동표나 이익잉여금처분계산서 작성은 농업경영체의 경우 '법인형태'를 운영하는 경우에 주로 적용이 된다.

〈표 4-2〉 **농업회계의 재무제표 종류와 의미**

재무제표		의미
재무상태표(대차대조표)	➡	일정시점의 재무상태를 알 수 있다
손 익 계 산 서	➡	일정기간의 경영성과에 관한 정보를 알 수 있다
자 본 변 동 표	➡	일정시점의 자본 및 일정기간의 자본의 변동에 대한 정보를 알 수 있다.
이익잉여금처분계산서(결손금처리계산서)	➡	이익의 처분(손실의 처리) 내용을 알 수 있다
주 석	➡	재무제표의 주요사항에 대한 상세내용을 알 수 있다
참고		
현 금 흐 름 표	➡	일정기간의 현금흐름에 관한 정보를 알 수 있다

재무제표는 시간개념이 반영되어 있다. 재무상태표는 일정시점(회계연도말/보고시점)에 측정된 재무상태를 나타내는 보고서로서, 농업경영체가 보유하고 있는 자원의 보유상태를 표시한다. 한편 손익계산서, 자본변동표, 현금흐름표는 일정의 회계기간 동안 측정된 자원의 변동과정을 나타내는 보고서로서 자원의 흐름을 표시한다. 이처럼 재무제표는 상호간에 밀접한 연계관계가 형성되어 있음을 알 수 있다.

한국채택국제회계기준에 따르면 자본의 변동을 가져오는 요인은 '주주와의 자본거래'와 '영업활동을 통한 손익거래'로 나눌 수 있다. 주주와의 자본거래로부터 발생한 결과물은 자본항목 중 자본금·자본잉여금 및 자본조정에 집계되며, 손익거래는 이익잉여금 및 기타포괄손익누계액으로 집계된다. 자본의 증가를 가져오는 손익요인을 수익이라 하고, 자본의 감소를 가져오는 손익요인을 비용이라 한다.

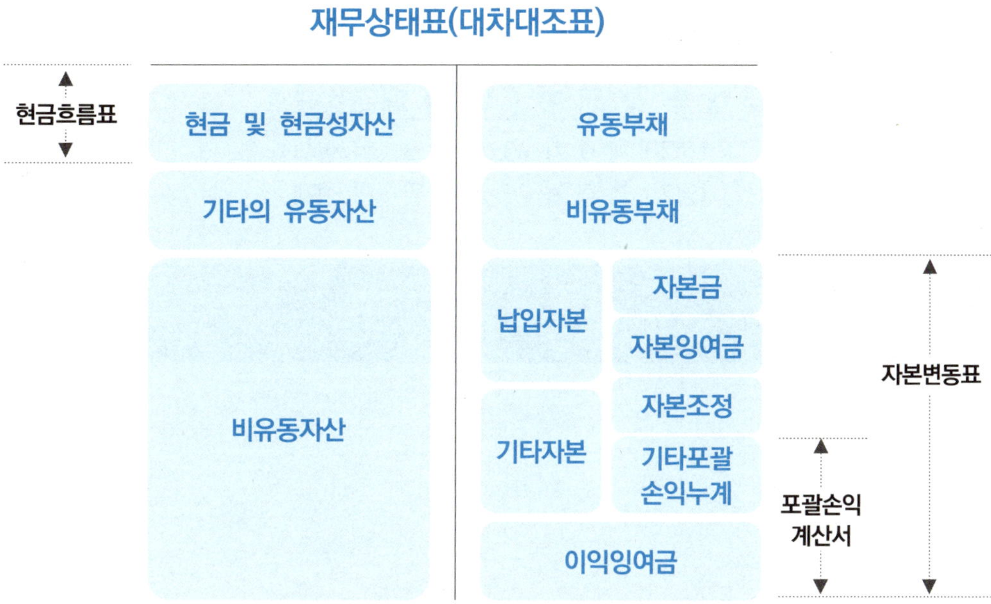

[그림 4-3] **재무상태표와 재무제표의 연관관계**

2. 재무제표의 작성

가. 재무상태표(대차대조표)

재무상태표는 특정시점 현재의 자산, 부채, 자본과 관련된 재무상태에 관한 정보를 제공한다. 따라서 농업경영체의 경제적 자원인 자산은 재무의 조달구조인 부채와 자본의 구성내역을 보면 알 수 있다.

재무상태표 양식은 계정식과 보고식이 있는데, 결산 시에는 일반적으로 보고식으로 작성한다. 보고식의 경우는 위로부터 자산, 부채, 자본을 배열하는 형식이다.

농업경영체의 재무상태를 명확히 보고하기 위하여 대차대조표의 작성일 현재의 모든 자산, 부채, 자본을 적정하게 표시하여 작성한다. 농장경영형태에 따라 유사 계정과목을 통합하여 재무상태표에 작성 표시하면 전체 개요를 일목요연하게 파악할 수 있다.

〈양식 4-3〉 **재무상태표(대차대조표)**

재 무 상 태 표 (대 차 대 조 표)

(전기) 제 0 기 20x1년 월 일 현재

(당기) 제 0 기 20x2년 월 일 현재

농장명 : 건하농장 (단위 : 원)

과 목	당 기		전 기	
	금 액		금 액	

나. 손익계산서

손익계산서는 일정기간의 농업경영체 경영성과를 나타내는 회계보고서이다. 경영성과는 구체적으로 수익과 비용의 상황을 나타내고 있어 농업경영체의 미래현금흐름과 수익창출능력 등의 예측에 유효한 정보를 제공한다.

손익계산서의 양식도 재무상태표와 마찬가지로 계정식과 보고식이 있다. 일반적으로 결산 시 손익계산서도 보고식으로 작성한다. 이 보고식은 수익을 먼저 열거하고 이어서 비용을 차감하면서 당기순손익에 도달하는 과정을 나타내는 방법이다.

따라서 농업경영체는 농장의 경영성과를 명확히 보고하기 위하여 회계기간에 속하는 모든 수익과 비용을 보고식에 따라 순차적으로 표시하여야 한다.

〈양식 4-4〉 **손익계산서**

손 익 계 산 서

제 0 기 20x2년 1월 1일부터 20x2년 12월 31일까지

농장명 : 건하농장 (단위 : 원)

과 목	당 기		전 기	
	금 액		금 액	

✔ 회계상식 ❼

각 회계기준의 손익계산서 구조형태

각 회계기준에 따라 손익계산서 구조가 다르다. 먼저 포괄손익계산서를 보면 기업의 일정기간 경영성과를 나타내는 동태적 보고서의 성격이다. 한국채택국제회계기준(K-IFRS)에서는 포괄손익계산서의 양식으로 규정하고 있다. 그리고 일반기업회계기준과 중소기업회계기준에서는 손익계산서의 양식으로 규정하고 있다. 그 세 양식의 구조형태를 예시해보면 다음과 같다.

〔한국채택국제회계기준(K-IFRS)〕

포 괄 손 익 계 산 서

과 목	금액
매출액	×××
매출원가	(×××)
매출총이익(또는 매출총손실)	×××
물류원가	(×××)
관리비	(×××)
영업이익(또는 영업손실)	×××
기타수익	×××
금융원가	(×××)
기타비용	(×××)
법인세비용차감전순이익(또는법인세비용차감전순손실)	×××
법인세비용	(×××)
계속영업이익	×××
중단영업이익	×××
당기순이익(또는 당기순손실)	×××
기타포괄손익	×××
총포괄이익	×××

〔일반기업회계기준〕

손 익 계 산 서

과 목	금액
매출액	×××
매출원가	(×××)
매출총이익(또는 매출총손실)	×××
판매비와 관리비	(×××)
영업이익(또는 영업손실)	×××
영업외수익	×××
영업외비용	(×××)
법인세비용차감전순이익(또는법인세비용차감전순손실)	×××
계속사업 법인세비용	(×××)
계속사업이익	×××
중단사업손익	×××
당기순이익(또는 당기순손실)	×××

〔중소기업회계기준〕

손 익 계 산 서

과 목	금액
매출액	×××
매출원가	(×××)
매출총이익(또는 매출총손실)	×××
판매비와 관리비	(×××)
영업이익(또는 영업손실)	×××
영업외수익	×××
영업외비용	(×××)
법인세비용차감전순이익(또는 법인세비용차감전순손실)	×××
법인세비용	(×××)
당기순이익(또는 당기순손실)	×××

다. 자본변동표

(1) 자본변동표 의의

자본변동표(statement of changes in owner's equity)는 회계기간 동안 발생한 자본의 변동에 관한 정보를 제공한다. 자본변동의 원인은 소유주의 투자, 소유주에 대한 분배 및 포괄손익이 포함된다. 즉 자본변동표는 한 보고기간 동안 발생한 소유주 지분의 변동을 보고하는 재무제표로서, 자본을 구성하고 하고 있는 요소인 납입자본과 적립금 세부항목 등의 변동에 대한 종합적인 정보를 제공하는 것을 그 목적으로 한다.

(2) 자본변동표의 유용성

국제회계기준이 채택되기 이전까지 우리나라는 이익잉여금처분계산서를 기본재무제표의 하나로 인정하여왔다. 그러나 이익잉여금처분계산서는 자본을 구성하는 하나의 항목에 불과한 이익잉여금의 변동내역만을 보고할 뿐, 자본을 구성하는 모든 항목의 변동내용을 총체적으로 보고하지는 못한다. 이에 비해 자본변동표는 이익잉여금뿐만 아니라 모든 자본의 변동내용에 대한 포괄적인 정보를 나타내는 보고서이다. 이러한 이유 때문에 한국채택국제회계기준(K-IFRS)에서는 과거 기업회계기준에 의한 이익잉여금계산서를 기본재무제표에서 삭제하고 재무제표에 대한 주석에 포함시키도록 하고 있다.

자본변동표는 자본의 포괄적인 변동을 보고함으로써 재무제표 간의 연계성을 제고시키며 재무제표의 이해가능성을 높인다.

(3) 자본변동표에 표시될 항목

자본변동표의 기본구조는 자본을 구성하는 주요 항목별로 기초잔액을 출발점으로 한다. 자본을 구성하는 납입자본(자본금·자본잉여금), 자본조정, 이익잉여금 및 기타포괄손익누계액의 기초잔액을 첫 출발점으로 하여 회계기간 동안 발생한 각 항목별 증가 및 감소 거래에 대한 상세한 정보를 전달한다. 따라서 자본변동표에는 자본의 기초잔액과 기말잔액을 모두 보고하므로 재무상태표와 연계되고 자본변동상의 자본변동 내역 중 많은 부분은 손익계산서나 현금흐름표와 연계성을 갖는다.

≪자본변동표에 표시될 항목≫

① 납입자본 및 이익잉여금(결손금)

② 자본조정

③ 기타포괄손익누계액의 각 항목

④ 소유주로서의 자격을 행사하는 소유주와의 거래(소유주에 의한 출자와 소유주에 대한 배분, 그리고 지배력을 상실하지 않는 종속기업에 대한 소유지분의 변동을 구분하여 표시)

〈양식 4-5〉 **자본변동표**

자 본 변 동 표

제2기 20x2년 1월 1일부터 20x2년 12월 31일까지
제1기 20x1년 1월 1일부터 20x1년 12월 31일까지

○○(주) (단위 : 원)

구 분	자본금	자본잉여금	자본조정	기타포괄손익누계액	이익잉여금	총 계
20x2. 1. 1 (보고금액)	xxx	xxx	xxx	xxx	xxx	xxx
회계정책변경누적효과					xxx	xxx
전기오류수정					xxx	xxx
수정후 이익잉여금					xxx	xxx
연차배당					(xxx)	(xxx)
처분후 이익잉여금					xxx	xxx
중간배당					(xxx)	(xxx)
유상증자	xxx	xxx				xxx
당기순이익					xxx	xxx
자기주식 취득			(xxx)			(xxx)
매도가능금융자산평가				(xxx)		(xxx)
해외산업환산손익				(xxx)		(xxx)
20x2. 12. 31	xxx	xxx	xxx	xxx	xxx	xxx

〈주〉

① 자본금의 변동 : 유상증자나 무상증자 또는 주식배당에 의해서 발생
② 자본잉여금의 변동 : 유상, 무상증자 또는 결손금의 처리 등에 의해서 발생
③ 자본조정의 변동 : 자기주식, 주식할인발행차금 등
④ 기타포괄손익누계액 : 매도가능증권평가손익, 해외사업환산손익 등
⑤ 이익잉여금의 변동 : 처분후이월이익잉여금 - 중간배당금 + 당기순이익

라. 잉여금(손실금)처분계산서

이익잉여금처분계산서란 일정기간 동안 이익잉여금(미처분이익잉여금)을 어떻게 처분했는지를 설명하여 주는 표를 말한다. 즉, 미처분이익잉여금과 임의적립금이입액의 합계액에서 이익준비금, 기타법정적립금, 자본조정상각액, 배당금, 임의적립금을 차감한 금액으로 한다.

이익잉여금처분계산서를 작성하면서 유의할 점은 기말재무상태표에 표시되는 미처분이익잉여금은 이익잉여금 처분이 반영되지 않은 처분전이익잉여금이 된다. 왜냐하면 우리나라의 경우 이익잉여금에 대한 처분은 회계연도가 종료된 뒤에 다음 회계연도 초에 주주총회 결의를 통해 재무제표가 승인되고 이익잉여금에 대한 처분이 확정되므로 재무상태표일 현재에는 이익잉여금처분내용을 반영할 수 없기 때문이다.

〈양식 4-6〉 **이익잉여금처분계산서**

이익잉여금처분계산서

20x1. 1. 1 ~ 20x1. 12. 31

처분예정일 : 20x2. x. x

농장명 : ㈜건하농장 (단위 : 원)

구 분	금 액	
Ⅰ. 미처분이익잉여금		xxx
1. 전기이월미처분이익잉여금	xxx	
2. 당기순이익	xxx	
Ⅱ. 임의적립금 이입액		xxx
합 계		xxx
Ⅲ. 이익잉여금처분액		xxx
1. 이익준비금	xxx	
2. 기타법정적립금	xxx	
3. 자본조정상각액	xxx	
4. 배당금	xxx	
5. 임의적립금	xxx	xxx
Ⅳ. 차기이월미처분이익잉여금		xxx

결손이 생긴 경우에는 결손금처리계산서가 된다.

결손금처리계산서는 미처리결손금, 결손금처리액, 차기이월미처리결손금으로 구분하여 표시한다. 미처리결손금은 다음과 같이 계산된다.

미처리결손금 = 전기이월미처분이익잉여금(전기이월결손금) ± 회계변경의 누적효과 ± 전기오류수정손익 - 중간배당액 ± 당기순손익

《결손금의 처리순서》

결손금의 처리는 이월이익잉여금, 임의적립금, 기타법정적립금, 이익준비금, 자본잉여금의 순으로 한다.

〈양식 4-7〉 **손실금처리계산서**

손실금처리계산서

20x1. 1. 1 ~ 20x1. 12. 31

처분예정일 : 20x2. x. x

농장명 : ㈜건하농장 (단위 : 원)

구 분	당 기		전 기	
Ⅰ. 미처리결손금		xxx		xxx
1. 전기이월미처리결손금	xxx		xxx	
(또는 전기이월미처분 이익잉여금)				
2. 중간배당액	xxx		xxx	
3. 당기순이익(또는 당기순손실)	xxx		xxx	
Ⅱ. 결손금처리액		xxx		xxx
1. 임의적립금이입액	xxx		xxx	
2. 법정적립금이입액	xxx		xxx	
3. 이익준비금이입액	xxx		xxx	
4. 자본잉여금이입액	xxx		xxx	
Ⅲ. 차기이월미처리결손금		xxx		xxx

마. 주석

주석(footnotes)이란 재무제표 본문의 정보에 추가하여 재무제표의 전반적인 이해를 제고시키는데 필요한 양적 및 질적 정보를 제공하는 것을 말한다. 주석은 각 재무제표에 표시된 항목을 구체적으로 설명하거나 세분화된 정보를 제공하고, 또 의사결정에는 유용하지만 재무제표 인식요건을 충족하지 못하는 항목들에 관한 정보도 제공한다. 이러한 주석정보는 이용자가 기업이나 농업경영체의 재무상태, 경영성과, 자본의 변동 및 현금흐름을 이해하는데 필수적인 정보를 제공하기 때문에 주석은 재무제표의 일부로 구성된다.

재무상태표, 포괄손익계산서 등 각 재무제표는 경영체의 재무상태나 재무성과를 자산, 부채, 자본, 수익, 비용 등의 항목으로 대별하여 일목요연하게 보여준다. 그러나 일목요연한 재무정보를 제공하기 위해서는 정보를 담는 공간을 제한해야 하므로, 기본 재무제표는 의사결정에 유용한 정보를 세부적으로 제공하는 데 한계가 있다. 또 기본 재무제표는 그 측정단위가 화폐이므로 정량적 정보는 쉽게 제공할 수 있으나, 계량화하기 어려운 정성적 정보는 제공하기가 어렵다. 뿐만 아니라, 기본재무제표에 표시되는 항목은 일정한 인식기준을 만족해야 하는데, 어떤 항목들은 비록 의사결정에는 유용하지만 인식기준을 충족하지 못해 표시되지 못하는 경우도 있다.

이러한 문제를 완화하고, 의사결정에 유용한 정보를 가능한 많이 제공하기 위해 기업은 기본 재무제표 정보에 추가하는 정보를 주석(notes)으로 보고한다. 따라서 주석은 재무상태표, 포괄손익계사서 등의 각 재무제표와 동동한 비중을 갖는 재무제표로 간주된다.

재무제표에 대한 주석은 체계적인 방법으로 표시되어야 하며 재무상태표, 포괄손익계산서, 자본변동표 및 본문에 표시된 개별 항목에는 관련된 주석내용과 상호연결시키는 기호를 사용하여 이용자들이 쉽게 재무제표 본문의 내용을 이해하는데 필요한 주석정보를 알 수 있도록 해야 한다. 필수적으로 공시해야 하는 3가지 주석이 있다.

① 재무제표 작성기준 및 중요한 거래와 회계사건의 회계처리에 적용한 회계정책

예 감가상각에 대한 설명

② 재무제표의 본문에 표시되지 않는 사항으로서 재무제표를 이해하는 데 필요한 추가정보

예 보고기간 말 이후의 후속사건, 계류 중인 소송

③ 보고된 숫자를 알려주는 추가적인 세부사항

예 부문별 보고

재무제표를 분석하고 이용하는 입장에서는 현실적 어려움이 있더라도 재무제표의 주석을 꼼꼼히 읽어봐야 한다. 비록 제한된 정보지만 주석 안에 흩어져 있는 정보를 잘 조합해서 해석하는 능력이 재무제표를 읽는데 꼭 필요한 기술이기 때문이다.

바. 현금흐름표

현금흐름표는 중소기업회계기준의 재무제표에는 포함되지 않으나 한국채택국제회계기준(K-IFRS)과 일반기업회계기준에서는 꼭 작성해야 할 재무제표이다. 농업경영체의 유동성이 강조되고 있는 오늘날 농업경영환경에서 현금흐름표의 개념과 기능을 이해할 필요가 있다.

(1) 현금흐름표란?

현금흐름표는 현금(예금포함)의 증감원인과 결과를 나타내는 표이다. 즉, 일정기간 동안 현금의 유입과 유출을 기업활동별로 나타내는 재무제표로 주요재무제표 중의 하나다. 현금흐름표는 기초의 현금이 어떠한 거래로 인하여 기말의 현금으로 변동하였는지에 대해 기업활동별로 요약하여 보고한다.

어떤 경영체이든지 현금흐름은 중요하다. 만약 어느 기업이 많은 이익을 실현한다 하더라도 당장 결제해야 할 자금이 없다면 그 기업은 부도에 직면하게 되므로 항상 자금의 유동성확보가 중요하다.

더구나 장부상 순이익이 발생하는 기업임에도 불구하고 자금의 유동성 문제를 해결하지 못하여 부도를 일으키는 기업이 등장하게 되면서 회계정보이용자들은 합리적인 의사결정을 위하여 현금흐름에 대한 정보를 요구하게 되었다. 회계정보이용자들

은 대차대조표나 손익계산서를 통하여 기업의 재무상태나 경영성과에 대한 정보를 얻을 수 있으나 이들 재무제표만을 가지고는 구체적인 자금의 흐름에 대한 정보는 얻기가 어렵다. 왜냐하면 재무상태표나 손익계산서는 현금의 유입이나 유출에 기초하여 작성되는 것이 아니고 발생주의(accrual accounting)에 의해 작성되기 때문이다.

현금주의	영업활동과 관련된 현금의 수입과 지출이 있을 때 수익과 비용을 인식하는 회계
발생주의	현금의 유입과 유출이 없더라도 수익과 비용의 발생을 거의 확실하게 해주는 결정적인 사건이 발생했을 때 수익과 비용을 인식하는 회계

현금흐름표는 ①영업활동으로 인한 현금흐름, ②투자활동으로 인한 현금흐름, ③재무활동으로 인한 현금흐름으로 구분표시하고, 이에 기초의 현금을 가산하여 기말의 현금을 산출하는 형식으로 표시한다. 또 현금흐름표는 재무상태표와 손익계산서에서는 미래의 현금흐름을 충분히 파악하기 어려운 측면이 있어 보완하는 역할을 한다.

(2) 현금흐름표의 기본구조

현금흐름표의 기본적인 구조를 표시하면 다음과 같다.

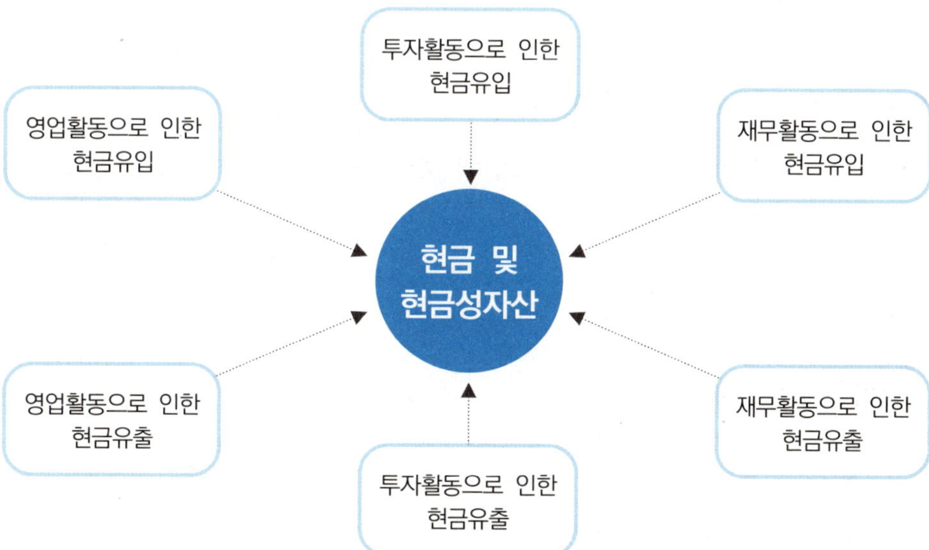

[그림 4-4] **현금흐름표의 기본구조**

현금흐름표에 대한 기본형식은 다음 표와 같다.

〈양식 4-8〉 **요약현금흐름표**

요약현금흐름표

Ⅰ. 영업활동으로 인한 현금흐름		×××
1. 당기순이익(손실)	×××	
2. 현금의 지출이 없는 비용 등의 가산	×××	
3. 현금의 흐름이 없는 수익 등의 차감	(×××)	
4. 영업활동으로 인한 자산·부채의 변동	×××	
Ⅱ. 투자활동으로 인한 현금의 흐름		×××
1. 투자활동으로 인한 현금유입액	×××	
2. 투자활동으로 인한 현금유출액	(×××)	
Ⅲ. 재무활동으로 인한 현금흐름		×××
1. 재무활동으로 인한 현금유입액	×××	
2. 재무활동으로 인한 현금유출액	(×××)	
Ⅳ. 현금의 증가(감소) (Ⅰ+Ⅱ+Ⅲ)		×××
Ⅴ. 기초의 현금		×××
Ⅵ. 기말의 현금 (Ⅴ+Ⅳ)		×××

□ 현금흐름표의 항목별 주요 내용

(1) 영업활동으로 인한 현금흐름 : 기업의 경상적인 영업활동을 통한 현금의 유출·유입을 표시한 것

〈현금유입〉
- 상품 및 제품 판매대금 회수
- 이자수입, 배당금수입 등

〈현금유출〉
- 상품 등 매입대금 지급
- 급여 및 이자비용 등 지급

(2) 투자활동으로 인한 현금흐름 : 자산의 취득 및 매각 등에 대한 현금의 유출·유입을 표시한 것

〈현금유입〉
- 대여금 회수
- 투자자산 및 유형자산 처분 등

〈현금유출〉
- 투자자산 및 유형자산 취득 등
- 보증금 등 지급

(3) 재무활동으로 인한 현금흐름 : 차입금의 차입 및 상환, 자본의 조달 및 배당 등에 대한 현금의 유출·유입을 표시한 것

〈현금유입〉
- 차입금 차입
- 유상증자 등

〈현금유출〉
- 차입금 상환
- 배당금 지급 등

MEMO

CHAPTER

05

6 차 산 업 화 시 대   농 업 회 계

농산물원가관리

CHAPTER 05 농산물원가관리

I 원가의 개념과 흐름

1. 원가의 개념

원가(cost)란 재화나 용역을 획득하기 위하여 희생된 경제적 자원 중 미래에 경제적 효익을 제공해 줄 수 있는 것을 화폐액으로 측정한 것을 의미한다. 그러므로 미래에 경제적 효익을 제공해 줄 수 없는 경제적 자원이나 비원가항목은 비용(expense)이나 손실(loss)로 처리한다. 즉, 자산을 농업경영체가 보유하고 있는 미래 현금창출능력이 있는 경제적 자원이라고 할 때, 이 자원 중 특정목적을 달성하기 위해 희생 또는 소모된 자원을 화폐액으로 나타낸 것이 원가(cost)이다. 여기에서 소멸자원인 원가가 수익창출에 이바지했으면 비용으로, 수익을 창출하는데 아무런 기여도 하지 못하고 소멸한 재고자산은 경제적 효익을 상실한 것이므로, 이 경우 소멸한 재고자산의 가액은 재고자산감모손실과 같은 손실항목으로 계상된다.

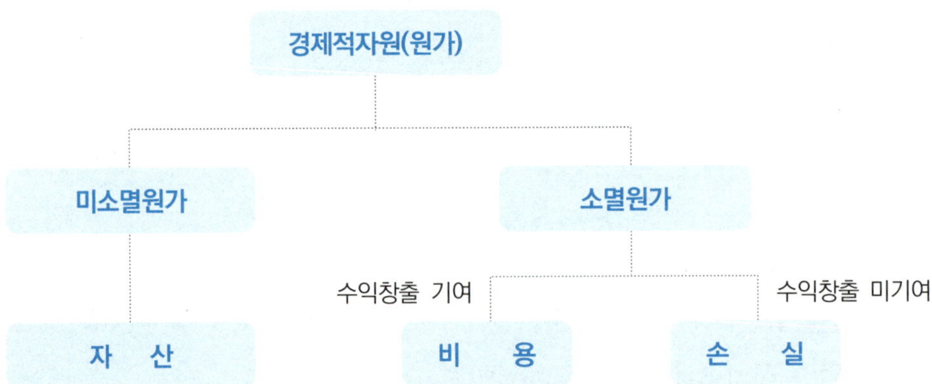

[그림 5-1] **원가의 흐름체계**

□ **원가와 비용의 구분**

농산물의 생산을 위해 희생되거나 포기된 자원은 농산물 원가 또는 생산원가이다. 그러나 농산물이 판매되면 원가가 소멸되면서 매출원가로 변형된다. 매출원가는 원가로 표현되고 있으나 매출(수익)에 대응되는 비용이다. 그리고 판매되지 않고 남아있는 농산물은 미소멸원가로서 재고자산으로 분류된다. 따라서 비용은 소멸원가이고, 자산은 미소멸원가인 것이다.

✔ 회계상식 ⑧

원가와 비용의 차이

원가(cost)와 비용(expense)은 다음과 같이 그 의미가 구분되고 있다.

(1) 원가와 비용은 개념상의 차이로 구분하게 된다.

원가는 생산 또는 취득에 대응되는 개념이며, 비용은 수익에 대응되는 개념이다. 물건을 만들어 판매하였을 때 물건을 만들기 위하여 들어간 돈은 생산측면에서 보면 '원가'이고, 판매측면에서 보면 '비용'이다.

◇ 원가 : 재화나 용역의 생산을 위하여 소비(희생)되는 경제적 가치
◇ 비용 : 수익의 창출을 위하여 소비(희생)되는 경제적 가치

(2) 대부분의 원가는 비용화 되는데 원가 중에는 비용으로 되지 않는 것도 있고, 비용 중에는 원가와 무관하게 발생하는 것도 있다.

《원가와 비용과의 관계》

독일의 경제학자 슈말렌바흐(E. Schmalenbach)는 원가와 비용과의 관계를 기초원가, 목적비용, 부가원가, 중성비용으로 나누어 다음과 같이 설명하였다.

중성비용 (비용이나 원가가 아닌 것)	**목적비용 (비용이면서 원가인 것)**	
	기초원가 (원가이면서 비용인 것)	부가(기회)원가 (원가이면서 비용이 아닌 것)

① 중성비용 : 비용이지만 원가가 될 수 없는 것을 말한다. 예를 들어 기부금, 벌과금, 손해배상금, 소송비, 화재·풍수해 손실 등이 있다.

② 목적비용 : 생산을 위하여 직접 발생한 비용으로서 전부 원가계산에 계상되는데, 이는 비용인 동시에 원가인 것이다. 매출원가, 임차료, 보험료, 운임 등이 해당된다.

③ 기초원가 : 원가인 동시에 비용인 것이다. 예를 들어 제품제조를 위해 소비된 직접재료비, 투입된 직접노무비와 직접경비가 해당된다.

④ 부가원가 : 원가이지만 비용이 아닌 것을 말한다. 예를 들어 개인기업의 기업주의 보수, 기업이 소유한 토지의 계산지대(地代)가 있다.

〈표 5-1〉 **농산물의 생산원가와 판매비용의 구분**

생산원가	판매비용
• 농산물생산을 위하여 직접 소비된 종묘비·비료비·농약비 등 • 농업생산관련 일용직의 임금 • 농업생산관련 설비·농기계 등 감가상각비 • 농업생산관련 수도료·전기료 • 농장 건물·토지의 재산세 등	• 농산물생산과 직접 관련 없는 관리비 • 농장임직원의 급여 • 농장운영 차입금이자, 대손금 • 화재·풍수재해보험료 • 광고선전비, SNS홍보비용 • 택배운송비용, 출장여비 등

2. 원가의 분류

재무보고목적을 위한 원가분류는 재무상태표상의 재고자산의 가격결정과 손익계산서상의 매출원가를 결정하기 위한 것이다. 매출원가는 판매된 농산물의 원가이고, 재고자산은 완성된 농산물 중 판매되지 않고 재고로 남아 있는 자산이다.

농산물의 매출원가를 산정하기 위해서는 먼저 농산물의 생산원가를 산정할 필요가 있다. 생산원가는 재료비, 노무비, 경비의 직접원가와 생산간접비를 모두 가산해서 산정한다.

가. 발생형태에 따른 원가의 분류

① 재료비 : 농산물 생산의 구성요소 중 물질적 요소

② 노무비 : 농산물 생산의 구성요소 중 인적(人的) 요소

③ 생산경비 : 농산물 생산의 구성요소 중 물질적 요소 및 인적 요소를 제외한 나머지 요소

나. 농산물 생산과의 관련성에 따른 분류

농산물 생산과의 관련성이란 원가요소를 특정 원가대상에 추적가능한지 또는 추적불가능한지의 여부에 따라 직접비와 간접비로 구분되는데, 생산직접비는 특정원가대상에 추적 가능한 원가이며, 생산간접비는 특정원가대상에 추적할 수 없는 원가이다. 특정원가대상에의 추적가능성에 따른 분류는 원가의 분류체계 중 가장 중요한 분류 중의 하나이다.

(1) 생산직접비

특정원가대상의 생산물에 추적 가능한 원가를 말한다. 즉, 특정생산물을 직접 구성하는 원가로 직접재료비, 직접노무비, 직접생산경비로 나타난다. 일반적으로 직접재료비와 직접노무비의 합계를 기본원가(prime costs)라 하고, 직접재료비 이외의 생산원가, 즉 직접노무비·생산(제조)경비 및 생산(제조)간접비의 합계를 가공비(conversion costs)라 한다.

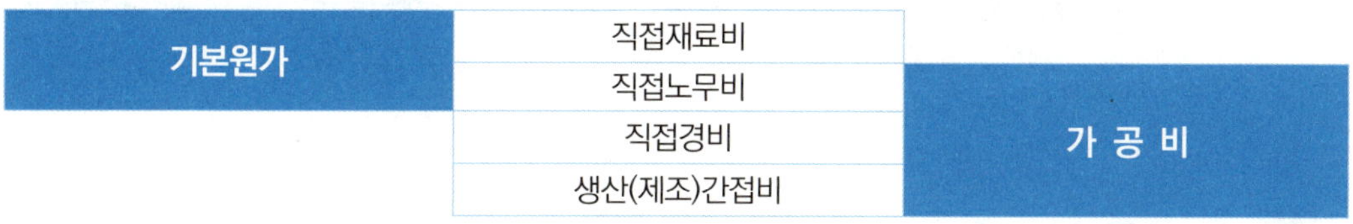

우리나라 원가계산준칙에서는 제조원가요소를 재료비, 노무비 및 경비로 분류하거나, 기업이 채택하고 있는 원가계산방법에 따라 직접재료비, 직접노무비 및 제조간접비 등으로 분류할 수 있도록 하고 있다.

(2) 생산간접비

특정원가대상에 추적할 수 없는 원가를 말한다. 즉, 여러 농산물에 공통으로 투입된 원가이며 간접재료비, 간접노무비, 간접생산경비로 나타난다.

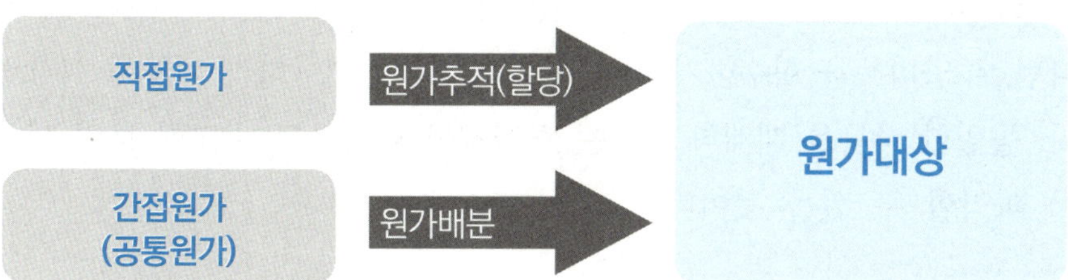

다. 원가의 구성에 따른 분류

원가의 각 요소는 적절하게 집계되어서 원가를 구성하게 되나, 이들 각 요소가 어느 범위까지 집계되느냐에 따라서 생산직접비, 생산원가, 총원가, 판매가격으로 구분된다.

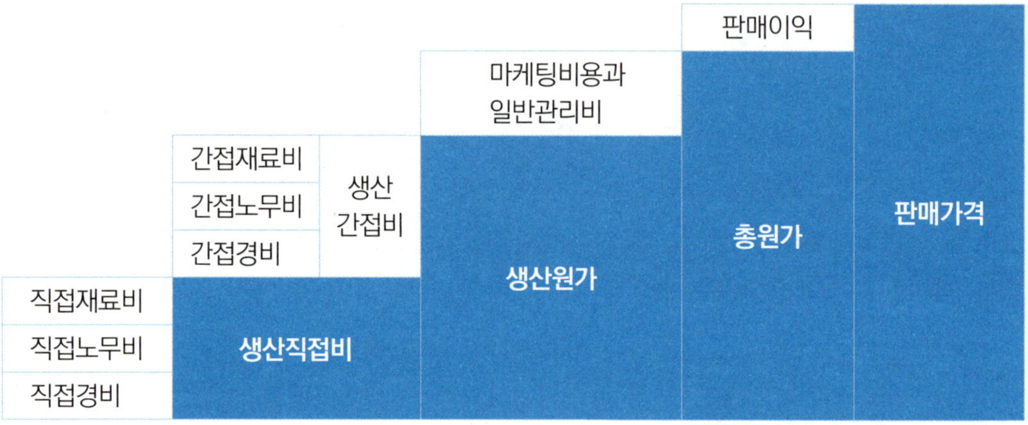

Ⅱ 농산물의 원가관리

1. 농산물생산원가의 의의

일반적으로 원가계산은 외부보고를 위한 재무제표작성 목적은 물론, 가격결정, 그리고 원가관리 및 이익관리, 성과평가 등 다양한 목적으로 수행된다.

농산물생산원가는 재무제표의 작성에 필요한 원가제공뿐만 아니라 농장의사결정에 참고할 정보를 제공한다. 특히 재배작목의 경쟁력을 판단하는 중요한 항목이다. 원가가 적게 소요되면, 그만큼 판매가격을 결정에 우위를 차지할 수 있다. 원가가 많이 소요된다면, 투입비용을 회수하기 위해 판매단가를 높여야하기 때문에 시장경쟁력이 떨어진다. 동일한 작목을 재배하고 있는 경영체를 대상으로 비교해 보면 생산원가의 경쟁력을 파악할 수 있을 것이다.

생산원가가 또한 정부의 지원단가 설정에 중요하게 활용된다. 정부가 특정작물이나 축산의 생산비를 보전하는 정책을 실시할 경우 그 기준으로 삼는 것이 생산원가이다. 정부나 경영체 모두가 받아들일 수 있는 생산원가의 계산을 회계기록을 통해 산출한다면 보다 투명하고 신뢰할 수 있는 농업회계가 가능할 것이다.

2. 농산물생산원가명세서의 작성 및 계산절차

가. 농산물생산원가명세서의 작성

손익계산서에서는 모든 과정의 비용과 수익이 모두 포함된다. 반면, 생산원가명세서는 손익계산서의 부속명세서로서 농업생산물의 매출원가를 산정하기 위하여 생산과정에서 수반되는 비용의 원가만을 산정한다. 다만, 농산물가공업을 겸업하는 경우 제조원가명세서를 작성할 수 있다.

생산원가는 파종단계부터 최종생산물의 판매 직전단계까지 소요된 모든 비용을 총생산물에 대응하여 계산한다. 그러므로 생산원가명세서는 생산과 관련하여 발생한 직접비용 및 간접비용을 체계적으로 정리하여 기록하는 것으로 당해 사업연도에 발생한 생산원가를 재료비, 노무비, 경비로 구분 집계하며 당기생산물에 대한 생산원가를 체계적으로 집계한 명세서다.

작성된 생산원가명세서는 농축산물을 생산하는데 소요된 생산원가의 모든 내역을 보여주게 된다. 이를 통해 경영주는 자신이 생산한 농산물의 단위당 원가를 파악하고 합리적인 경영계획을 수립할 필요가 있다. 또한 농업경영체간 비교 가능성이 높아지며, 경영성과를 개선하는데 기초자료로 활용할 수 있다.

생산원가명세서는 전년도와 비교형식으로 작성하여야 하며 생산원가의 표준양식은 '부록 2'와 같다.

농산물생산원가명세서와 손익계산서와의 관계

농산물생산과정에서 수확된 농산물의 "당기생산물원가"라 하며, 당기생산물원가는 손익계산서로 대체되어 매출원가를 산출할 수 있다.

〈표 5-2〉 **농산물생산원가명세서와 손익계산서와의 관계**

농산물생산원가명세서			손익계산서		
Ⅰ. 원재료비		×××	Ⅰ. 매출액		×××
1. 기초원재료재고액	×××		Ⅱ. 매출원가		×××
2. 당기원재료매입액	×××		1. 기초생산물재고액	×××	
3. 기말원재료재고액	(×××)		2. 당기생산물생산원가	×××	
Ⅱ. 직접노무비		×××	3. 기말생산물재고액	(×××)	
Ⅲ. 생산간접비		×××	Ⅲ. 매출총이익		×××
Ⅳ. 당기총생산원가(= Ⅰ + Ⅱ + Ⅲ)		×××	Ⅳ. 판매비와 관리비		(×××)
Ⅴ. 기초생장물재고액		×××	Ⅴ. 영업이익		×××
Ⅵ. 합 계		×××	Ⅵ. 영업외이익		×××
Ⅶ. 기말생장물재고액		(×××)	Ⅶ. 영업외비용		(×××)
Ⅷ. 당기생산물생산원가		×××	Ⅷ. 소득세 차감전이익		×××
			Ⅸ. 소득세 등		(×××)
			Ⅹ. 당기순이익		×××

주요 세부계정과목

(1) 재료비

재료비는 농산물생산에 소요되는 재료의 소비액을 말한다. 재료비는 재료의 소비량에 단가를 곱하여 계산한다.

(2) 노무비

노무비는 농산물을 생산하기 위해 노동용역을 소비함으로써 발생하는 원가를 노무비라 한다. 즉 농업경영체가 직원에게 지급하는 급여 및 일용직에게 일당으로 지급하는 임금을 말한다. 다만, 개인 농업경영체의 경영주에 대한 인건비, 현금으로 지급되지 않는 가족노임은 노무비에 포함되지 않는다.

(3) 경비

경비는 농산물생산에 소비된 가치로서 재료비·노무비 이외의 원가요소이다. 다만, 자기자본 및 자기토지에 대한 기회비용은 비용에 포함되지 않는다.

(4) 유형자산대체액

유형자산대체액(또는 타계정대체액)은 기간중 생장물을 유형자산 등으로 대체한 금액을 말한다. 즉 농산물을 판매하는 것이 아니라 다른 용도로 사용한 경우를 말한다.

(5) 재해손실

재해손실은 생장 중에 있는 생장물이 자연재해 및 질병으로 사용이 불가능하게 된 경우에는 재해손실 처리하며, 이 경우에 회계처리는 다음과 같다.

(차변) 재해손실 xxxxxx	(대변) 생장물 xxxxxx

나. 농산물원가계산 절차

농산물원가계산에 있어서는 농업의 특수성을 감안하여 생장물계정, 생산물계정 등을 설정한다. 생산과정의 회계처리절차는 다음 그림과 같다.

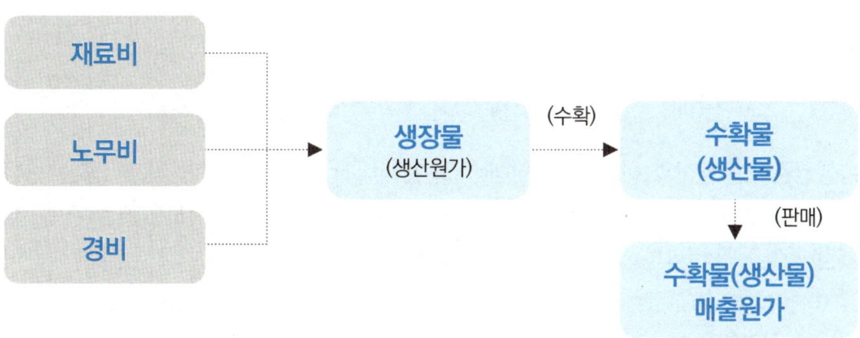

[그림 5-2] **농산물생산원가 흐름도**

(1) 원가계산절차

① 각 생산물의 취득을 위한 생산원가를 신뢰성 있게 측정하기 위해서는 비용의 지출이 반드시 품목별로 구분되어야 한다.

② 작목별 직접원가인 재료비, 노무비, 경비가 발생하였을 경우, 해당계정의 차변에 기입한다.

③ 비료·농약·PE필름 등 영농자재와 축산물 사료를 구입 시에는 일단 자산계정으로 회계처리한 후, 결산 때에 당기의 총사용량을 일괄 계산하여 비용으로 처리하면 된다. 다만, 단기에 모두 소진이 예상되는 농자재의 경우에는 매입시마다 직접 비용처리할 수 있다.

④ 당기의 소비액을 생장물계정에 대체하여 원가집계를 한다.

⑤ 생장물계정에 대체된 원가를 농작물수확 시에는 생산물계정으로 대체한다.

⑥ 2개 작물 이상을 재배하는 복합영농의 경우 발생한 생산간접비에 대해서는 합리적으로 배부되어야 한다. 즉, 간접원가를 구분하는 과정에서는 일정한 기준이 적용되어야 한다. 예를 들어 복합적으로 사용되는 농기계 및 농자재 등에 대해서는 각 생산물에 사용된 시간이 가동률 또는 생산물의 매출액이나 기여도 등을 기준으로 배부할 수 있다.

⑦ 최종 당기생산물생산원가는 다음 계산방식에 의하여 이루어진다.

당기생산물생산원가 = 당기총생산원가 + 기초생장물재고액 - 기말생장물재고액 - 타계정대체액 (다른 목적으로 전환)

참고

판매비 및 관리비와 이자비용의 원가회계처리

당기총생산원가는 생산과 관련 없는 판매비 및 관리비와 차입금에 대한 이자비용은 원칙적으로 생산원가에 포함되지 않는다. 다만, 이자비용 중 재고자산의 원가에 포함될 수 있는 경우는 생산기간이 1년 이상이며 생산과 관련하여 직접 차입금이 사용되었고, 그 금액을 객관적으로 측정할 수 있으며, 농업경영체가 자본적지출로 처리하고 있는 경우에 가능하다. 농업부문에서 이자비용을 자본화할 수 있는 경우는 인삼, 난, 분재 등과 같이 생산기간이 장기인 경우이다.

(『농업회계처리모범(례)』, 농림부, 2007, p50)

(2) 원가계정의 흐름

농산물원가회계는 제조원가의 3요소인 재료비, 노무비, 경비의 직접원가를 기본으로 분류하여 처리한다. 농산물이 성숙할 때까지 생장물계정으로 전기한다. 수확 후에는 생장물계정의 원가금액은 생산물계정으로 대체한다.

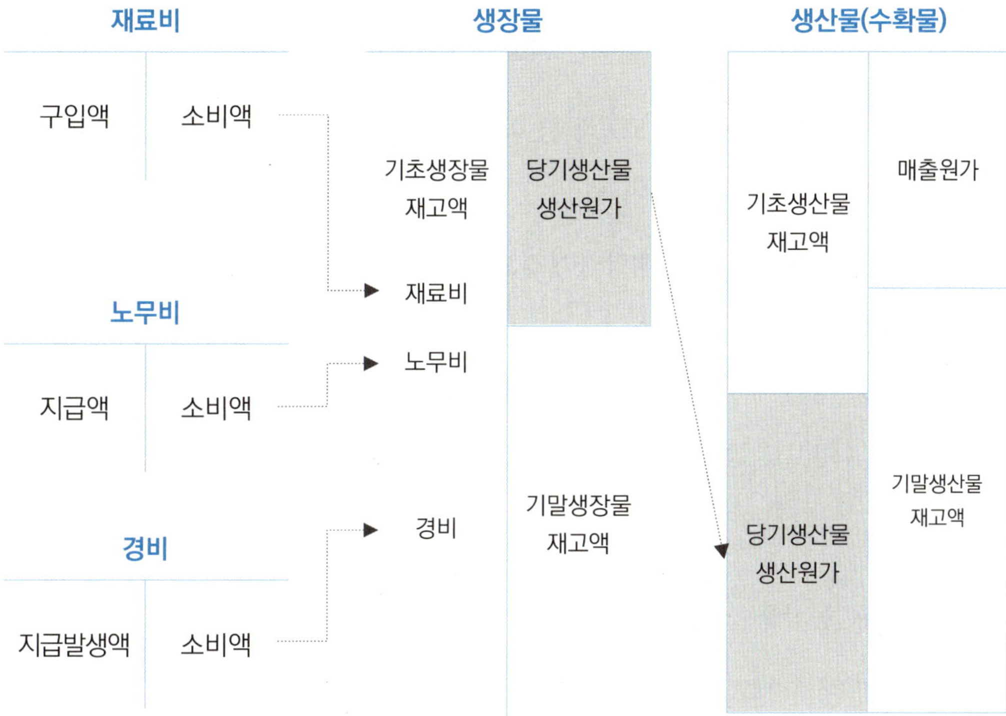

[그림 5-3] **농산물회계의 원가흐름**

(가) 농산물 직접원가 회계처리

생산과 직접 관련된 재료비, 노무비, 경비에 속하는 비용은 거래발생시마다 회계처리한다. 다만 재료를 구입할 때는 자산으로 인식하여 계정처리한 후, 결산 때에 실제 사용한 재료를 재료비계정으로 대체하여 비용처리한다.

예시 건하농장에서는 고구마(500평)를 재배하면서 재료구입비 ₩1,500,000, 노무비 ₩3,300,000, 경비 ₩4,800,000을 체크카드로 결제하였다.

① (차변) 재료 1,500,000 (대변) 보통예금 1,500,000
② (차변) 노무비 3,300,000 (대변) 보통예금 3,300,000
③ (차변) 경비 4,800,000 (대변) 보통예금 4,800,000

○ 당기 결산 시에 파악된 사용한 재료비회계처리

예시 건하농장에서는 당기 고구마생산에 대한 재료비 사용은 ₩1,000,000이다.

④ (차변) 재료비 1,000,000 (대변) 재료 1,000,000

(나) 직접원가 회계처리를 생장물계정으로 대체

건하농장에서 고구마 생산에 소요된 ₩9,100,000(재료비 ₩1,000,000, 노무비 ₩3,300,000, 경비 ₩4,800,000)을 생장물계정으로 대체하였다.

⑤ (차변) 생장물 9,100,000 (대변) 재료비 1,000,000
노무비 3,300,000
경 비 4,800,000

(다) 수확된 농산물을 생산물계정으로 대체

건하농장에서는 가을 수확기에 고구마를 수확하여 생장물계정 ₩9,100,000을 생산물계정으로 대체하였다.

⑥ (차변) 생산물 9,100,000 (대변) 생장물 9,100,000

재료계정

차변	대변
전기이월 200,000 ① 보통예금 1,500,000	④ 재료비 1,000,000 차기이월 700,000
1,700,000	1,700,000

노무비계정

차변	대변
② 보통예금 3,300,000	⑤ 생장물 3,300,000
3,300,000	3,300,000

경비계정

③ 보통예금 4,800,000	⑤ 생장물 4,800,000
4,800,000	4,800,000

재료비계정

④ 재료 1,000,000	⑤ 생장물 1,000,000
1,000,0000	1,000,0000

생장물계정

⑤ 재료비 1,000,000 ⑤ 노무비 3,300,000 ⑤ 경 비 4,800,000	⑥ 생산물 9,100,000
9,100,0000	9,100,0000

생산물계정

⑥ 생장물 9,100,000	
9,100,0000	

(라) 생산간접비의 배부

생산간접비는 농산물생산과의 관련성을 추적하기 어려운 원가를 말한다. 작물을 2가지 이상 생산할 경우 적당한 배부기준을 마련하여 배분계산을 실시하는 것이 필요하다. 일반적으로 사용되고 있는 배부기준으로는 다음과 같은 것이 있다.

① 가치법

가치법은 원가법이라고도 하며 특정농산물을 생산하기 위하여 소비된 원가의 금액을 배부기준으로 하는 방법이다. 이것은 다시 3가지 방법으로 세분화된다.

㉠ 직접재료비법 : 농산물 생산에 소비된 직접재료비를 배부기준으로 하는 방법이다.

㉡ 직접노무비법 : 농산물 생산에 소비된 직접노무비를 기준으로 배부하는 방법이다.

㉢ 직접원가법 : 직접재료비, 직접노무비, 직접경비의 합계액, 즉 직접원가를 생산간접비로 배부하는 방법이다.

② 시간법

시간법은 농산물생산을 위하여 소비된 작업시간을 배부기준으로 한다. 시간법은 시간의 기준을 어떠한 것으로 하느냐에 따라 다음 2가지로 나누어질 수 있다.

㉠ 직접노동시간법　　　　　　　　㉡ 기계운전시간법

③ 수량법

수량법은 농산물을 생산하기 위하여 소비된 재료의 수량·중량·면적·용적 등을 이용하는 것이다.

따라서 객관적이고 합리적 농산물 원가를 계산하기 위해서는 재배하는 농산물의 특성이나 농장의 여건 등을 감안하여 배부기준을 결정할 필요가 있다.

(마) 원가계산표 활용

원가계산표는 농산물생산에 대한 재료비, 노무비, 경비 등 직접비와 생산간접비를 항목별로 계산·배부하여 총원가를 나타낼 수 있는 계산표를 말한다. 이를 활용하면 일자별로 소비된 직접비와 간접비배부액, 그리고 생산계정 대체액 등을 일목요연하게 파악할 수 있다. 이는 생산계정의 명세를 나타내는 보조원장의 역할을 하기도 한다.

그러므로 농산물생산원가명세서는 당해 농산물 경작에 발생한 생산원가를 재료비, 노무비, 경비와 생산간접비를 구분 집계하여 당기생산물에 대한 생산원가를 체계적으로 집계한 명세서이다.

〈양식 5-3〉 **원가계산표**

원 가 계 산 표

생산개시일 :

출하개시일 :

출하종료일 :

(단위 : 원)

월 일		직접비				생산간접비 배부액	합 계	생산계정 대체액	잔 액
		재료비	노무비	경비	소계				

05 농산물원가관리

Ⅲ 농업6차산업 회계처리

1. 농업6차산업회계의 의의

농업의 부가가치증대와 지역경제 활성화를 위한 6차산업화농가들이 계속 증가하면서 세금 및 재무관리가 중요해지고 있다. 가공소득이 3천만 원을 초과하는 농가는 소득세 과세대상임에 따라 회계처리에 세심한 주의를 기울여야 한다. 그리고 정부의 지원정책 참여와 외부자금의 조달을 위해서도 농가의 회계처리는 반드시 필요하다. 한편으로 사업체의 확장 가능성을 고려하여 법인설립을 검토할 필요도 있다.

6차산업에 대한 회계단위의 구분 여부 및 제조·가공부문의 원료매입 기준과 관련하여 회계처리방안연구[7]에서 다음과 같이 효율적 처리방안을 제시하였다.

① 6차산업 농가는 생산과 제조·가공 단계를 통합하여 회계단위를 적용할 필요가 있다. 이 과정은 경영성과의 분석을 용이하게 하고, 내부 및 외부사용자의 의사결정에 중요한 정보를 제공한다. 그러나 판매수익이 통합되어 표시되고 손익계산서상의 원재료 매출원가가 생산원가로 처리됨으로써 과세소득이 높아지는 문제점이 있다. 따라서 6차산업농가는 회계프로그램의 보완을 통해 생산과 제조·가공단계를 구분하여 별도의 과세용 손익계산서를 산출할 필요가 있다.

② 원재료 매입기준은 공정가격을 기준으로 하되, 원재료 판매가격 획득이 어려운 경우에는 생산원가를 이용한다. 판매용 농산물과 제조 및 가공에 사용되는 농산물간에는 등급의 차이뿐만 아니라 출하처와 시기의 차이가 존재한다. 따라서 공정가격을 원칙적으로 적용하고 공정가격의 발견이나 적용이 어려운 경우에 한해 생산원가를 적용한다.

실제 농가의 특성을 감안하여 상기에 기술된 6차산업회계처리방안을 참고하여 농업경영체 형태와 경영실익의 초점에 맞춰 합리적으로 처리해 나가는 것이 좋을 것이다.

7) 「6차산업 농가의 회계처리단위와 원료의 매입기준 설정연구」, 김성섭, 하지희, 정효재, 서상택 (한국협동조합연구, 제35집 제1호, 2017년 4월, p2)

참고

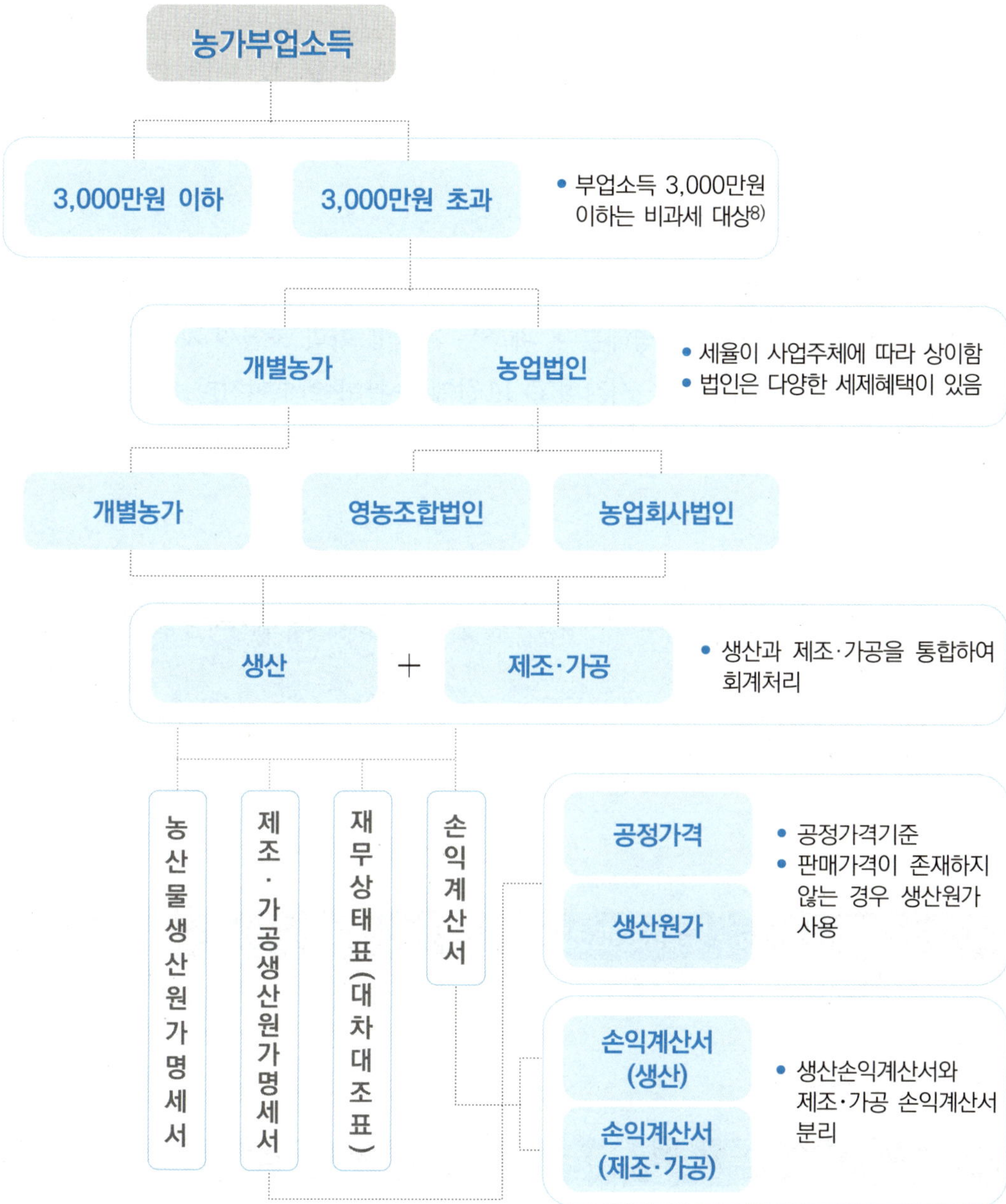

[그림 5-4] **6차산업농가의 회계처리과정**9)

8) 소득세법 시행령 제9조 1항의 2
9) 「6차산업 농가의 회계처리단위와 원료의 매입기준 설정연구」, 김성섭, 하지희, 정효재, 서상택 (한국협동조합연구, 제35집 제1호, 2017년 4월, p14)

2. 6차산업 농산물원가회계처리

6차산업 농산물원가회계처리의 이해를 돕기 위해 ①배추생산 및 절임배추가공 ②사과생산·사과즙가공 및 사과체험농장운영의 사례를 예시로 회계처리를 실시해 본다.

가. 배추생산 및 절임배추가공 회계처리

배추를 생산하여 절임배추로 가공하여 판매하는 농산물원가회계처리의 이해를 돕기 위해 가설사례를 들어서 설명해본다. 배추는 지역에 따라 조금씩 차이를 보이지만, 통상적으로 6~7월에 농작업을 시작하고 11월에 수확이 이루어진다. 회계기간은 회계처리의 통일성을 위하여 1년 단위인 1월에서 12월로 정하였다.

(1) 농가개황

'건하농장' 대표 ○○○씨는 경북 상주시로 귀농하여 밭 3,500평을 임차하여 배추를 3년째 경작하고 있다.

(2) 기초자산

(가) 토지

소유구분	토지구분	면 적	금 액(원)
임차	밭	3,500평	3,000,000(*임차료)

(나) 건축·시설물

소유구분	건축물구분	건축자재	취득년도	면적(평)	취득금액(원)
자가	절임장		20x1년	100	9,000,000
자가	저온저장고	철근콘크리트	20x2년	30	24,000,000

(다) 차량기계장비

종 류	취득년도	구입가격(원)
관리기	20x1년	4,000,000
방제기	20x1년	1,000,000
트렉트	20x2년	90,000,000
파종기	20x3년	200,000
합 계		95,200,000

(라) 기타 자산·부채

구 분	거 래 처	금 액(원)
은행예금	농 협	35,000,000
은행대출금(단기)	농 협	10,000,000
은행대출금(장기)	농 협	15,000,000

(마) 전기분 재무상태표

다음의 전기분 재무상태표를 기초로 당기분 재무상태표를 작성한다.

(단위 : 원)

(차변)		(대변)	
현 금	1,000,000	감가상각누계액(영농시설)	2,100,000
보통예금	35,000,000	감가상각누계액(대농기구)	3,975,000
영농시설	33,000,000	단기차입금	10,000,000
대농기구	28,500,000	장기차입금	15,000,000
저 장 품	5,000,000	자본금	71,425,000

〈주〉 대농기구는 전체농산물 중 배추에 사용하는 비율을 30%로 계상함

(3) 배추 생산비용과 절임배추 가공비용은 다음과 같다.

배추원가계산의 흐름을 이해를 돕기 위해 간결한 예시로 나타내본다.

배추생산 분개

◎ 배추생산에 대한 원가요소의 분개는 다음과 같다.

일 자	거 래 내 용
6월 10일	배추종자를 구입하고 현금 ₩350,000을 지불하다. (차변) 종자비 350,000 (대변) 현금 350,000 ㈜ 배추 등 1년생 단기성 작물 재배의 경우 농자재(종자, 비료, 농약 등) 구입 시에는 해당 비용으로 처리하여 농가 실정에 맞는 효율적인 회계처리를 할 수 있다.
6월 28일	퇴비 ₩1,420,000와 비료 ₩5,000,000를 구입하고 체크카드로 결제하다. (차변) 비료비 6,420,000 (대변) 보통예금 6,420,000
7월 7일	농약 혼합용 칼슘제를 구입하고 ₩650,000을 체크카드로 지불하다. (차변) 농약비 650,000 (대변) 보통예금 650,000
7월 14일	파종기를 구입하고 ₩200,000을 현금으로 지급하다. (차변) 대농기구 200,000 (대변) 현금 200,000
8월 13일	작업자에 대한 인건비 ₩1,400,000을 현금으로 지급하다. (차변) 고용비 1,400,000 (대변) 현금 1,400,000
8월 17일	분무기를 수리하고 ₩50,000을 체크카드로 지불하다. (차변) 수선비 50,000 (대변) 보통예금 50,000
9월 8일	경유를 구입하고 ₩700,000을 체크카드로 결제하다. (차변) 광열동력비 700,000 (대변) 보통예금 700,000
9월 20일	토지임차료 ₩3,000,000을 현금으로 지불하다. (차변) 임차료 3,000,000 (대변) 현금 3,000,000
10월 28일	작업자에 대한 인건비 ₩1,800,000을 현금지급하다. (차변) 고용비 1,800,000 (대변) 현금 1,800,000
11월 3일	배추생산에 소요된 ₩16,901,000을 생장물계정으로 대체하다. (차변) 생장물 16,901,000 (대변) 제좌 16,901,000 ㈜ 결산 정리 후 생장물계정 원가임
11월 5일	배추가 수확되어 이를 생산물계정으로 대체하다. (차변) 생산물 16,901,000 (대변) 생장물 16,901,000
11월 8일	절임배추가공을 위한 배추원재료로 대체하다. (차변) 외상매출금 30,000,00 (대변) 생산물 16,901,000 배추판매수익 13,099,000 ㈜ 배추생산과 절임배추가공을 구분회계처리로 - 판매가격은 시장가격을 기준으로 산정하고, - 매출채권은 편의상 외상매출금으로 처리하다.

〈주〉 계정별 거래의 전기사항은 나타내지 않았음.

참고

① 종자, 비료, 농약, 축산사료 등을 구입 할 때는 원칙적으로 자산으로 인식하여 기록한다. 그러나 사용시점마다 비용으로 처리하여야 순차적 회계처리가 가능하지만, 특히 농약과 비료의 경우 여러 차례 나누어서 시비하기 때문에 구입시 비용계정으로 정리하여 회계처리의 효율성을 높인다.

② 절임배추가공에 사용한 배추는 시장가격으로 판매한 것으로 간주하였고, 절임배추가공에 대한 회계처리 시에도 시장가격으로 구입한 것으로 처리하였다. 그 이유는 절임배추의 원재료인 배추를 원가로 평가할 경우 수익이 상대적으로 높게 평가된다. 반면 배추생산에 대한 수익은 상대적으로 낮게 나타나기 때문에 절임배추도 동일하게 시장가격으로 판매한 것으로 기록하였다.
실제로 농가의 입장에서는 절세방안을 고려해서 합리적 회계처리를 모색하는 것이 좋을 것이다.

절임배추가공 분개

◎ 절임배추가공에 대한 분개는 다음과 같다.

일 자	거 래 내 용
9월 20일	배추절임장을 수리하고 비용 ₩3,000,000을 체크카드로 결제하다. (차변) 수선비 3,000,000 (대변) 보통예금 3,000,000
9월 28일	농산물저장고에 대한 재산세 ₩200,000을 현금으로 납부하다. (차변) 세금과공과 200,000 (대변) 현금 200,000
10월 15일	소금 300포를 ₩2,500,000에 구입하고 계좌이체하다. (차변) 기타재료비 2,500,000 (대변) 보통예금 2,500,000
10월 20일	고무장갑과 소형칼을 구입하고 ₩180,000을 현금으로 지급하다. (차변) 소모품비 180,000 (대변) 현금 180,000
10월 22일	포장재를 구매하고 ₩3,500,000을 체크카드로 결제했다. (차변) 기타재료비 3,500,000 (대변) 보통예금 3,500,000

일 자	거 래 내 용
11월 8일	생산한 배추를 절임배추원재료로 대체하다. (차변) 원재료 30,000,000 (대변) 외상매입금 30,000,000
11월 15일	절임배추를 판매하고 그 대금 ₩21,000,000은 보통예금계좌로 이체 받다. (차변) 보통예금 21,000,000 (대변) 절임배추판매수익 21,000,000
11월 20일	절임배추를 판매하고 그 대금 ₩24,000,000은 계좌로 이체 받다. (차변) 보통예금 24,000,000 (대변) 절임배추판매수익 24,000,000
11월 22일	절임배추 택배비 ₩150,000을 계좌이체하다. (차변) 운반비 150,000 (대변) 보통예금 150,000
11월 25일	절임배추를 ₩18,600,000에 판매하고 그 대금은 자기앞수표로 받다. (차변) 현금(현금성자산) 18,600,000 (대변) 절임배추판매수익 18,600,000
11월 27일	작업자들의 인건비 ₩6,200,000을 지급하다. (차변) 고용비 6,200,000 (대변) 현금 6,200,000
12월 5일	작업자들의 식대 및 간식비로 ₩380,000을 현금으로 지불하다. (차변) 복리후생비 380,000 (대변) 현금 380,000
12월 10일	절임배추를 판매하고 그 대금 ₩15,000,000을 계좌이체 받다. (차변) 보통예금 15,000,000 (대변) 절임배추판매수익 15,000,000
12월 15일	인터넷사용료 ₩420,000을 계좌이체하다. (차변) 통신비 420,000 (대변) 보통예금 420,000
12월 20일	절임배추 택배운송비용 정산금액 ₩4,650,000을 전금조치하다. (차변) 운반비 4,650,000 (대변) 보통예금 4,650,000
12월 24일	작업자들의 인건비 ₩4,200,000을 지급하다. (차변) 고용비 4,200,000 (대변) 현금 4,200,000

〈주〉 계정별 거래의 전기사항은 나타내지 않았음.

결산분개

결산분개는 각 계정의 잔액을 실제액과 일치하도록 수정하는 과정이다. 자산의 가치변동, 재고자산의 감모, 대손의 발생, 감가상가비 등 요인이 발생하므로 실제적 수정회계처리를 하게 된다.

(1) 감가상각비

'건하농장'의 20x3년 농기계보유현황은 다음과 같다.

① **농기계보유현황에 따른 감가상각비 계산**

(단위 : 원)

종류	취득년도	구입가격	내용연수	상각법	상각금액
관리기	20x1년	4,000,000	5년	정액법	800,000
방제기	20x1년	1,000,000	5년	정액법	200,000
트랙터	20x2년	90,000,000	8년	정액법	11,250,000
파종기	20x3년	200,000	5년	정액법	20,000 (20x3년 7월 구입으로 50% 적용)
합계		95,200,000			12,270,000

〈주〉 대농기구에 대하여 배추농사에 사용되는 비율이 30%정도 되므로 전체 감가상각비용의 30%를 계상한다.

* 금차년도(20x3년) 감가상각비용
3,681,000 = 12,270,000 × 30%

20x3년 12월 31일 배추생산 감가상각비에 대한 결산분개를 다음과 같이 하다.

(차변) 감가상각비 3,681,000 (대변) 감가상각누계액 3,681,000

② **건축·시설물에 대한 감가상각비계산**

(단위 : 원)

종류	취득년도	구입가격	내용연수	상각법	상각금액
배추절임장	20X1년	9,000,000	10년	정액법	900,000
저온저장고	20x2년	24,000,000	80년	정액법	300,000

(차변) 감가상각비 900,000 (대변) 감가상각누계액 900,000

(차변) 감가상각비 300,000 (대변) 감가상각누계액 300,000

(2) 종자, 농약, 비료 등 원재료 사용액에 대한 결산정리

당기에 매입한 종자, 비료, 농약 등 원재료에 대하여는 해당비용계정으로 원가산입 처리한다.

20x3년 12월 31일 당기에 구입한 배추종자, 농약 및 비료 외 미사용에 대해서는 재고조사를 하여 결산정리를 하다.

미사용한 비료비 ₩1,000,000, 농약비 ₩150,000으로 회계 처리한 재고품에 대해서는 저장품으로 대체처리하다.

(차변)	저장품	1,150,000	(대변)	비료비	1,000,000
				농약비	150,000

(3) 생장물 및 재공품 결산

(가) 배추생산에 대한 생장물계정으로 대체처리

(차변)	생장물 (배추)	16,901,000	(대변)	종자비	350,000
			(대변)	비료비	5,420,000
			(대변)	농약비	500,000
			(대변)	고용비	3,200,000
			(대변)	수선비	50,000
			(대변)	광열동력비	700,000
			(대변)	임차료	3,000,000
			(대변)	감가상각비	3,681,000

(나) 절임배추가공에 대한 재공품계정으로 대체처리

(차변)	재공품 (절임배추)	55,960,000	(대변)	원재료비	30,000,000
			(대변)	고용비	10,400,000
			(대변)	복리후생비	380,000
			(대변)	수선비	3,000,000
			(대변)	소모품비	180,000
			(대변)	기타재료비	6,000,000
			(대변)	운반비	4,800,000
			(대변)	감가상각비	1,200,000

(4) 생산물 및 제품매출원가

생산물 및 제품 매출원가는 당기의 생산물에 투입된 총비용을 총생산량 대비 판매량의 비율로 계산한다.

본 사례에 대해서는 배추의 총생산량 대비 판매량의 비율과 절임배추의 가공제품 대비 판매량의 비율을 각각 100%로 가정하다.

(차변) 생산물	16,901,000	(대변) 생장물	16,901,000
(차변) 생산물매출원가	16,901,000	(대변) 생산물	16,901,000

(차변) 제품(절임배추)	55,960,000	(대변) 재공품(절임배추)	55,960,000
(차변) 제품매출원가	55,960,000	(대변) 제품(절임배추)	55,960,000

(5) 배추원재료 구입계정 정리

배추원재료를 편의상 외상매출금과 외상매입금으로 처리한 ₩30,000,000을 상호 대체하여 계정을 정리하다.

(차변) 외상매입금	30,000,000	(대변) 외상매출금	30,000,000

배추 생산원가명세서

제×3기 : 20×3년 1월 1일부터 20×3년 12월 31일까지
제×2기 : 20×2년 1월 1일부터 20×2년 12월 31일까지

농장명 : 건하농장 (단위 : 원)

과 목	제×3기(당기)		제×2기(전기)	
	금	액	금	액
Ⅰ. 원 재 료 비		6,270,000		xxxxx
1. 비료비		5,420,000		xxxxx
기초비료재고액	0		xxxxx	
당기비료매입액	6,420,000		xxxxx	
기말비료재고액	1,000,000		xxxxx	
2. 농약비		500,000		xxxxx
기초농약재고액	0		xxxxx	
당기농약매입액	650,000		xxxxx	
기말농약재고액	150,000		xxxxx	
3. 종자비		350,000		xxxxx
기초종자재고액	0		xxxxx	
당기종자매입액	350,000		xxxxx	
기말종자재고액	0		xxxxx	
Ⅱ. 노 무 비		3,200,000		xxxxx
고 용 비	3,200,000		xxxxx	
Ⅲ. 생 산 경 비		7,431,000		xxxxx
1. 수선비	50,000		xxxxx	
2. 영농광열비	700,000		xxxxx	
3. 지급임차료	3,000,000		xxxxx	
4. 감가상각비	3,681,000		xxxxx	
Ⅳ. 당기총생산원가		16,901,000		xxxxx
Ⅴ. 기초생장물재고액		0		xxxxx
Ⅵ. 합 계		16,901,000		xxxxx
Ⅶ. 기말생장물재고액		0		xxxxx
Ⅷ. 타계정으로대체액		0		xxxxx
Ⅸ. 당기생장물생산원가		16,901,000		xxxxx

절임배추 생산원가명세서

제×3기 : 20×3년 1월 1일부터 20×3년 12월 31일까지
제×2기 : 20×2년 1월 1일부터 20×2년 12월 31일까지

농장명 : 건하농장 (단위 : 원)

과 목	제×3기(당기)		제×2기(전기)	
	금 액		금 액	
Ⅰ. 원 재 료 비		30,000,000		xxxxx
기초원재료재고액	0		xxxxx	
당기원재료매입액	30,000,000		xxxxx	
기말원재료재고액	0		xxxxx	
Ⅱ. 노 무 비		10,400,000		xxxxx
고 용 비	10,400,000		xxxxx	
Ⅲ. 경 비		15,560,000		xxxxx
1. 복리후생비	380,000		xxxxx	
2. 수선비	3,000,000		xxxxx	
3. 소모품비	180,000		xxxxx	
4. 기타재료비	6,000,000		xxxxx	
5. 운반비	4,800,000		xxxxx	
6. 감가상각비	1,200,000		xxxxx	
Ⅳ. 당기총제조비용		55,960,000		xxxxx
Ⅴ. 기초재공품재고액		0		xxxxx
Ⅵ. 합 계		55,960,000		xxxxx
Ⅶ. 기말재공품재고액		0		xxxxx
Ⅷ. 타계정으로대체액		0		xxxxx
Ⅸ. 당기제품제조원가		55,960,000		xxxxx

절임배추 손익계산서

제×3기 : 20×3년 1월 1일부터 20×3년 12월 31일까지
제×2기 : 20×2년 1월 1일부터 20×2년 12월 31일까지

농장명 : 건하농장 (단위 : 원)

과 목	제×3기(당기)		제×2기(전기)	
	금 액		금 액	
Ⅰ. 매 출 액		108,600,000		xxxxx
절임배추	78,600,000		xxxxx	
배추원재료판매	30,000,000		xxxxx	
Ⅱ. 매 출 원 가		72,861,000		xxxxx
생산물매출원가(배추)		16,901,000		xxxxx
기초생산물재고액	0		xxxxx	
당기생산물생산원가	16,901,000		xxxxx	
기말생산물재고액	(0)		(xxxxx)	
제품매출원가(절임배추)		55,960,000		xxxxx
기초제품재고액			xxxxx	
당기제품제조원가	55,960,000		xxxxx	
기말제품재고액	(0)		(xxxxx)	
Ⅲ. 매출총이익		35,739,000		xxxxx
Ⅳ. 판매비와 관리비		620,000		xxxxx
통신비	420,000	0	xxxxx	
세금과공과	200,000		xxxxx	
Ⅴ. 영업이익		35,119,000		xxxxx
Ⅵ. 영업외수익		0		xxxxx
Ⅶ. 영업외비용		0		xxxxx
Ⅷ. 소득세차감전이익		35,119,000		xxxxx
Ⅸ. 소득세등		0		xxxxx
Ⅹ. 당기순이익		35,119,000		xxxxx

절임배추 재무상태표(대차대조표)

제×3기(당기) : 20×3년 12월 31일 현재
제×2기(전기) : 20×2년 12월 31일 현재

농장명 : 건하농장 (단위 : 원)

과 목	제×3기(당기)		제×2기(전기)	
	금 액		금 액	
자 산				
Ⅰ. 유동자산		80,800,000		41,000,000
(1)당좌자산		74,650,000		36,000,000
현 금	1,690,000		1,000,000	
보통예금	72,960,000		35,000,000	
(2)재고자산		6,150,000		5,000,000
저장품	6,150,000		5,000,000	
Ⅱ.비유동자산		50,744,000		55,425,000
(1)투자자산		0	0	
(2)유형자산		50,744,000		55,425,000
영농시설	33,000,000		33,000,000	
감가상각누계액	(3,300,000)		(2,100,000)	
대농기구	28,700,000		28,500,000	
감가상각누계액	(7,656,000)		(3,975,000)	
(3)무형자산		0		0
(4)기타비유동자산		0		0
자 산 총 계		131,544,000		96,425,000
부 채				
Ⅰ.유동부채		10,000,000		10.000,000
단기차입금	10,000,000		10,000,000	
Ⅱ.비유동부채		15,000,000		15,000,000
장기차입금	15,000,000		15,000,000	
부 채 총 계		25,000,000		25,000,000
자 본				
Ⅰ. 자 본 금		106,544,000		71,425,000
자 본 금	106,544,000		71,425,000	
(당기순이익)	(35,119,000)		(xxxxxx)	
자 본 총 계		106,544,000		71,425,000
부채 및 자본 총계		131,544,000		96,425,000

나. 사과재배 및 사과즙가공 회계처리

오늘날 사과농장을 경영하는 농가에서도 부가가치향상을 위해 사과즙으로 가공하여 판매하는 농가가 많다. 그리고 사과 꽃이 아름답게 피는 봄의 계절이나 사과가 아름답게 영그는 가을에 도시민들을 대상으로 사과체험농장을 경영하는 농가도 늘어나고 있다. 따라서 이런 농장에서는 농업6차산업 회계처리가 자연적 필요하게 된다. 다음과 같이 사과체험농장경영의 가설사례를 통해 이해를 돕도록 해 본다.

(1) 농가개황

효주농장 ○○○씨는 충북 충주시에서 사과재배를 하고 있으며, 영농조합법인을 설립하여 사과즙을 가공판매하고 있다. 그리고 소비자들을 대상으로 사과농장체험프로그램도 함께 운영하고 있다. 사과재배면적은 5,700평이며, 영농경력은 20년째이다.

(2) 기초자산

(가) 토지

소유구분	토지구분	면　　적	금　　액(원)
자가	밭	6,000평	120,000,000
자가	과수원조성비	5,700평	150,000,000

(나) 건축·시설물

소유구분	건축물구분	건축자재	취득년도	면적(평)	취득금액(원)
자가	창고	목조 및 철골재	20x0년	200	24,000,000
자가	창고	목조 및 철골재	20x1년	150	18,000,000
자가	저온저장고	철근콘크리트	20x1년	180	50,000,000
자가	사과즙가공공장	기타	20x2년	50	10,000,000
자가	사과즙보관창고	기타	20x2년	80	16,000,000
자가	사과체험교육장	기타	20x2년	100	20,000,000

(다) 차량기계장비

종　류	취득년도	구입가격(원)
화물차	20w5년	10,000,000
관리기	20x1년	3,000,000
SS분무기	20x1년	10,000,000
트랙터	20x1년	40,000,000
건조기	20x2년	3,000,000
예취기	20x2년	300,000
선별기	20x3년	2,400,000
체험장자재	20x2년	6,000,000
합　계		74,700,000

(라) 재고자산

구　분	품　목	금　액(원)
미판매농산물	사　과	10,050,000
성장중인 생물자산	사과나무 묘목	8,000,000
미판매가공농산물	사과즙	3,500,000

(마) 기타 자산·부채

구　분	내　역	거래처	금　액(원)
사과	은행예금	농협	70,000,000
사과	은행대출금(단기)	농협	200,000,000
사과즙	은행예금	농협	86,000,000
사과즙	장기차입금	농협	50,000,000
사과즙	부가세예수금	-	2,500,000
체험농장	은행대출금(단기)	농협	20,000,000

사과생산농가 분개

사과생산농가의 사과즙가공, 농장체험농장경영에 있어 주요 회계처리중심으로 간결한 예시로 나타내본다. 회계기간은 회계처리의 통일성을 위하여 1년 단위인 1월에서 12월로 정하였다.

◎ 사과생산에 대한 회계처리 분개는 다음과 같다.

일 자	거 래 내 용
1월 8일	사과 전지·전정 근로자에 대해 급여 ₩2,300,000을 현금으로 지급하다. (차변) 고용비 2,300,000 (대변) 현금 2,300,000
1월 15일	사과를 가공공장으로 판매하여 현금 ₩8,000,000을 받다. (차변) 현금 8,000,000 (대변) 사과판매수익 8,000,000
1월 23일	사과농장을 수선하기 위해 재료구입비 ₩3,200,000을 체크카드로 결제하다. (차변) 기타재료비 3,200,000 (대변) 보통예금 3,200,000
1월 25일	사과를 판매하고 대금 32,000,000은 계좌로 이체 받다. (차변) 보통예금 32,000,000 (대변) 사과판매수익 32,000,000
1월 30일	사과 택배운송비용으로 현금 ₩1,500,000을 지출하다. (차변) 운반비 1,500,000 (대변) 현금 1,500,000
2월 1일	농장의 화재, 가축, 재해 보험비로 ₩200,000을 자동이체하다. (차변) 보험료 200,000 (대변) 보통예금 200,000
2월 10일	사과농장의 전기, 수도, 유류비 ₩2,280,000을 현금으로 지급하다. (차변) 광열동력비 2,280,000 (대변) 현금 2,280,000
2월 19일	사과포장박스에 대한 정부보조금 ₩20,000,000을 받았다. (차변) 보통예금 20,000,000 (대변) 정부보조금 20,000,000 ㈜ 본 예시는 정부보조금을 사업외수익으로 계상
2월 23일	사과박스 등 포장비 ₩12,000,000을 정부보조금으로 구입하다. (차변) 포장비 12,000,000 (대변) 보통예금 12,000,000
3월 5일	사과를 판매하여 대금 ₩7,500,000을 계좌이체 받다. (차변) 보통예금 7,500,000 (대변) 사과판매수익 7,500,000
3월 19일	특허를 위한 품질검사비로 ₩190,000을 계좌이체 시켜주다. (차변) 특허권 190,000 (대변) 보통예금 190,000
3월 20일	사과를 가공공장 등으로 판매하여 ₩8,500,000을 계좌이체 받다. (차변) 보통예금 8,500,000 (대변) 사과판매수익 8,500,000
4월 1일	사과농장을 수선하고 현금 ₩250,000을 지출하다. (차변) 수선비 250,000 (대변) 현금 250,000

일 자	거 래 내 용
4월 2일	사과선별기 구입비 ₩2,400,000을 체크카드로 지급하다. (차변) 대농기구 2,400,000 (대변) 보통예금 2,400,000
4월 25일	사과포장비 ₩8,000,000을 정부보조금으로 구입하다. (차변) 포장비 8,000,000 (대변) 보통예금 8,000,000
5월 12일	농장의 식대 및 간식비에 대해 현금 ₩1,500,000을 지출하다. (차변) 복리후생비 1,500,000 (대변) 현금 1,500,000
5월 18일	사과를 가공공장으로 판매하여 대금 ₩10,000,000을 현금으로 받다. (차변) 현금 10,000,000 (대변) 사과판매수익 10,000,000
6월 20일	보통예금 ₩50,000,000을 찾아서 금리가 높은 정기예금으로 이체하다. (차변) 정기예금 50,000,000 (대변) 보통예금 50,000,000
6월 25일	비료를 구입하고 대금 ₩6,800,000을 계좌이체하다. (차변) 비료 6,800,000 (대변) 보통예금 6,800,000
7월 3일	농약을 구입하고 대금 ₩3,500,000을 계좌이체하다. (차변) 농약 3,500,000 (대변) 보통예금 3,500,000
8월 10일	특허를 위한 품질검사비로 ₩360,000을 지출하다. (차변) 특허권 360,000 (대변) 현금 360,000
9월 8일	사과포장자재를 구입하고 대금 ₩5,200,000을 이체시켜주다. (차변) 포장비 5,200,000 (대변) 보통예금 5,200,000
10월 12일	단기차입금이자 ₩4,000,000을 현금으로 불입하다. (차변) 이자비용 4,000,000 (대변) 현금 4,000,000
11월 25일	사과를 출하하여 대금 ₩35,000,000을 계좌로 이체 받다. (차변) 보통예금 35,000,000 (대변) 사과판매수익 35,000,000
11월 29일	사과를 가공공장으로 판매하여 대금 ₩7,000,000을 계좌로 이체 받다. (차변) 보통예금 7,000,000 (대변) 사과판매수익 7,000,000
12월 28일	농장의 식대 및 간식비 대금 ₩3,500,000을 현금으로 지출하다. (차변) 복리후생비 3,500,000 (대변) 현금 3,500,000
12월 30일	사과과수원 작업근로자에 임금 ₩3,600,000을 현금으로 지급하다. (차변) 고용비 3,600,000 (대변) 현금 3,600,000
12월 31일	제세공과금 ₩150,000을 현금으로 납부하다. (차변) 세금과공과 150,000 (대변) 현금 150,000
12월 31일	보통예금 ₩20,000,000을 찾아서 금리가 높은 정기예금으로 이체하다. (차변) 정기예금 20,000,000 (대변) 보통예금 20,000,000

㈜ 계정별 거래의 전기사항은 나타내지 않았음.

사과즙가공분개

◎ 사과즙가공에 대한 분개는 다음과 같다.

일 자	거 래 내 용
1월 15일	사과즙가공을 위하여 본인농장에서 사과를 ₩8,000,000에 구입하다. (차변) 원재료 8,000,000 (대변) 현금 8,000,000
1월 25일	전년도 부가가치세 ₩2,500,000을 보통예금에서 이체 납부하다. (차변) 부가세예수금 2,500,000 (대변) 보통예금 2,500,000
1월 28일	가공공장의 전기, 수도, 유류비 ₩250,000을 자동이체로 지급하다. (차변) 광열동력비 250,000 (대변) 보통예금 250,000
1월 31일	사과가공공장 직원 급여 ₩3,600,000을 자동이체 지급하다. (차변) 급여 3,600,000 (대변) 보통예금 3,600,000
2월 5일	사과즙을 판매한 대금으로 ₩5,500,000을 보통예금으로 이체받다. (차변) 보통예금 5,500,000 (대변) 사과즙판매수익 5,000,000 부가가치세예수금 500,000
2월 13일	사과즙재료비 ₩5,800,000을 체크카드로 결제하다. (차변) 기타재료비 5.800,000 (대변) 보통예금 5,800,000
2월 25일	가공공장 통신비 ₩230,000을 자동이체로 납부하다. (차변) 통신비 230,000 (대변) 보통예금 230,000
3월 5일	사과즙을 만들어준 수수료 ₩23,100,000 중 ₩13,100,000은 현금으로 받고, 나머지 ₩10,000,000은 계좌이체 받다. (차변) 현금 13,100,000 (대변) 사과즙가공수익 21,000,000 보통예금 10,000,000 부가가치세예수금 2,100,000
3월 16일	법무처리, 회계비용으로 현금 ₩600,000을 지급하다. (차변) 수수료비용 600,000 (대변) 현금 600,000
3월 20일	사과즙가공을 위하여 사과를 ₩5,700,000에 구입하고 그 대금을 결제하다. (차변) 원재료 5,700,000 (대변) 보통예금 5,700,000
3월 30일	사과즙을 판매하여 계좌로 ₩2,200,000을 받았다. (차변) 보통예금 2,200,000 (대변) 사과즙판매수익 2,000,000 부가가치세예수금 200,000
4월 12일	사과즙포장비 ₩7,000,000을 체크카드로 결제하다. (차변) 포장비 7,000,000 (대변) 보통예금 7,000,000
4월 20일	사과가공공장직원 급여 2,500,000을 자동이체로 지급하다. (차변) 급여 2,500,000 (대변) 보통예금 2,500,000
4월 25일	1분기 부가가치세 ₩2,800,000을 보통예금에서 이체 납부하다. (차변) 부가세예수금 2,800,000 (대변) 보통예금 2,800,000

일 자	거 래 내 용
5월 10일	가공공장통신비 ₩250,000을 자동이체로 납부하다. (차변) 통신비 250,000 (대변) 보통예금 250,000
5월 18일	사과즙가공을 위해 본인 농장에서 사과 ₩10,000,000에 구입하다. (차변) 원재료 10,000,000 (대변) 보통예금 10,000,000
6월 24일	사과즙을 판매하여 계좌로 ₩2,200,000을 받았다. (차변) 보통예금 2,200,000 (대변) 사과즙판매수익 2,000,000 부가가치세예수금 200,000
6월 29일	사과즙을 만들어준 수수료로 ₩23,760,000을 계좌이체 받았다. (차변) 보통예금 23,760,000 (대변) 사과즙가공수익 21,600,000 부가가치세예수금 2,160,000
6월 30일	가공공장의 전기, 수도, 유류비 ₩320,000을 자동이체로 지급하다. (차변) 광열동력비 320,000 (대변) 보통예금 320,000
7월 11일	사과가공공장의 일용직 인건비 ₩2,500,000을 현금으로 지급하다. (차변) 고용비 2,500,000 (대변) 현금 2,500,000
7월 25일	2분기 부가가치세 ₩2,360,000을 보통예금에서 이체 납부하다. (차변) 부가가치세예수금 2,360,000 (대변) 보통예금 2,360,000
8월 10일	사과즙을 만들어준 수수료로 ₩29,700,000을 계좌이체 받다. (차변) 보통예금 29,700,000 (대변) 사과즙가공수익 27,000,000 부가가치세예수금 2,700,000
9월 17일	가공공장 통신비 180,000을 자동이체로 납부하다. (차변) 통신비 180,000 (대변) 보통예금 180,000
10월 10일	사과즙 재료비 ₩3,500,000을 체크카드로 결제하다. (차변) 기타재료비 3.500,000 (대변) 보통예금 3,500,000
10월 25일	3분기 부가세 ₩2,700,000을 보통예금에서 이체 결제하다. (차변) 부가가치세예수금 2,700,000 (대변) 보통예금 2,700,000
10월 30일	사과가공공장 직원 인건비 ₩3,700,000을 보통예금에서 이체 지급하다. (차변) 급여 3,700,000 (대변) 보통예금 3,700,000
11월 13일	사과즙을 만들어준 수수료로 ₩9,900,000을 계좌로 이체 받다. (차변) 보통예금 9,900,000 (대변) 사과즙가공수익 9,000,000 부가가치세예수금 900,000
11월 29일	사과즙가공을 위해 본인 농장에서 사과를 ₩7,000,000에 구입하다. (차변) 원재료 7,000,000 (대변) 보통예금 7,000,000
12월 10일	사과즙을 판매하여 계좌로 ₩2,200,000을 받다. (차변) 보통예금 2,200,000 (대변) 사과즙판매수익 2,000,000 부가가치세예수금 200,000

일 자	거 래 내 용
12월 25일	가공공장의 전기, 수도, 유류비 ₩180,000을 자동이체로 지급하다. (차변) 광열동력비 180,000 (대변) 보통예금 180,000
12월 29일	가공공장 통신비 ₩250,000을 자동이체로 납부하다, (차변) 통신비 250,000 (대변) 보통예금 250,000
12월 30일	사과가공공장의 직원 인건비 ₩3,000,000을 자동이체로 지급하다. (차변) 급여 3,000,000 (대변) 보통예금 3,000,000
12월 31일	사과즙 가공시설관련 장기차입금이자 ₩1,000,000을 현금으로 납입하다. (차변) 이자비용 1,000,000 (대변) 현금 1,000,000

㈜ 계정별 거래 전기사항은 나타내지 않았음.

결산분개

본 사례에 대한 결산수정분개는 다음과 같이 이루어지게 된다.

가. 사과 생산

(1) 감가상각비

감가상각비계산은 정액법을 적용하며, 간접법으로 분개한다.

'효주농장'의 20x3년 차량기계장비 현황은 다음과 같다.

① 차량기계장비에 따른 감가상각비계산

(단위 : 원)

종류	취득년도	구입가격	내용연수	상각법	상각금액
화물차	20w5년	10,000,000	7년	정액법	0 (내용연수 경과)
관리기	20x1년	3,000,000	5년	정액법	600,000
SS분무기	20x1년	10,000,000	8년	정액법	1,250,000
트랙터	20x1년	40,000,000	8년	정액법	5,000,000
건조기	20X2년	3,000,000	8년	정액법	375,000
예취기	20X2년	300,000	5년	정액법	60,000
선별기	20x3년	2,400,000	8년	정액법	225,000 (20x3년 4월 구입으로 75% 적용)
합계		68,700,000			7,510,000

〈주〉 대농기구는 모두 사과농장경영에 이용된다고 가정하였다.

20x3년 12월 31일, 감가상각비에 대한 결산분개를 다음과 같이 하였다.

(차변) 감가상각비 7,510,000 (대변) 감가상각누계액 7,510,000

② **건축·시설물에 대한 감가상각비계산**

(단위 ; 원)

종 류	취득년도	구입가격	내용연수	상각법	상각금액
창고	20X0년	24,000,000	60년	정액법	400,000
창고	20x1년	18,000,000	60년	정액법	300,000
저온저장고	20x1년	50,000,000	80년	정액법	625,000
합계		92,000,000			1,325,000

(차변) 감가상각비 1,325,000 (대변) 감가상각누계액 1,325,000

(2) 농약, 비료 등 원재료 사용액에 대한 결산정리

당기에 소요된 비료, 농약 등 원재료에 대하여는 해당비용계정으로 처리한다.

20x3년 12월 31일 농약 및 비료에 대한 결산을 하다.

(차변) 비료비 6,800,000 (대변) 비료 6,800,000
(차변) 농약비 3,500,000 (대변) 농약 3,500,000

㈜ ① 당기에 구입한 비료, 농약은 모두 투입되었다.
② 과수원의 경우 일반적으로 비료, 농약을 다량으로 구입한 후 필요에 따라 수시로 사용하므로 구입 시에는 재고자산(비료, 농약)으로 회계처리하는 경우가 많다.
※ 앞장의 「배추생산 사례」의 경우 비료, 농약을 구입할 때마다 해당 비용으로 회계처리하는 방법과는 다르다.

(3) 성장중인 생물자산

아직 사과가 열리지 않는 사과나무에 투입된 항목을 결산한다. 소요된 비용을 정확히 모를 경우에는 전체 사과나무 중 사과묘목의 비율로 계산해서 결산한다. 본 사례에서는 전체 사과나무 중 10%가 사과묘목인 것으로 간주하여 결산하다.

차변	금액	대변	금액
(차변) 성장중인생물자산	3,676,500	(대변) 비료비	680,000
		농약비	350,000
		고용비	590,000
		보험료	20,000
		수선비	25,000
		광열동력비	228,000
		복리후생비	500,000
		감가상각비	883,500
		이자비용	400,000

* 포장비, 기타재료비, 운반비, 세금과공과는 「성장중인생물자산」 계정의 원가산입에 관계없는 것으로 간주

(4) 생장물 결산

- **사과생산에 투입된 모든 항목들을 생장물계정으로 대체처리**

차변	금액	대변	금액
(차변) 생장물	61,488,500	(대변) 비료비	6,120,000
		(대변) 농약비	3,150,000
		(대변) 고용비	5,310,000
		(대변) 보험료	180,000
		(대변) 수선비	225,000
		(대변) 광열동력비	2,052,000
		(대변) 감가상각비	7,951,500
		(대변) 복리후생비	4,500,000
		(대변) 이자비용	3,600,000
		(대변) 포장비	25,200,000
		(대변) 기타재료비	3,200,000

(5) 생산물매출원가

본 사례에 대해서는 전년도(20x2년) 사과재고 ₩10,500,000과 당기말(20x3년) 사과재고 ₩12,000,000을 고려하여 생산물매출원가를 산정하다.

(차변)	생산물	61,488,500	(대변)	생장물	61,488,500
	생산물매출원가	59,988,500	(대변)	생산물	59,988,500

✔ 회계상식 ❾

농산물매출원가 산정

농산물판매는 일반적으로 상품회계처리에 있어 '실지재고조사법'을 사용하게 된다. 이 재고자산의 기록방법은 상대적으로 저가이며 빈번하게 거래가 발생하는 재고자산에 적용된다. 따라서 기말에 실사를 통해 기말재고자산의 수량과 단가를 파악하여 기말재고자산 금액을 산정하고 〈매출원가 계산공식〉을 이용하여 당기매출원가를 계산한다. 매출원가는 매출액을 벌어들이기 위해 발생한 비용의 개념이다.

≪매출원가 계산공식≫

매출원가계정

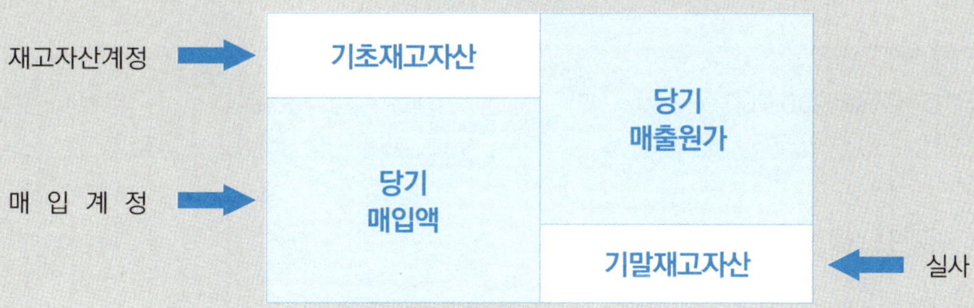

당기매출원가 = 기초재고자산 + 당기매입액 − 기말재고자산

나. 사과즙 가공

사과즙가공에 대한 결산수정분개는 다음과 같이 이루어지게 된다.

(1) 감가상각비

감가상각비계산은 정액법을 적용하며, 간접법으로 분개한다.

□ **건축·시설물에 대한 감가상각비계산**

(단위 : 원)

종 류	취득년도	구입가격	내용연수	상각법	상각금액
사과즙가공공장	20x2년	10,000,000	20년	정액법	500,000
사과즙보관창고	20x2년	16,000,000	20년	정액법	800,000
합계		26,000,000			1,300,000

(차변) 감가상각비 1,300,000　　(대변) 감가상각누계액 1,300,000

(2) 원재료(사과)

사과즙의 원료인 사과를 구입할 때는 자산으로 인식하여 회계처리한다. 투입시점마다 비용으로 처리하는 것이 가능하지만 결산시에 당해연도 총투입액을 일괄하여 회계처리하면 된다.

(차변) 원재료비 30,700,000　　(대변) 원재료 30,700,000

(3) 재공품 결산

당해연도 사과즙 생산에 투입된 모든 항목들의 비용을 재공품계정으로 대체하다.

(차변) 재공품 65,350,000　　(대변) 원재료비 30,700,000
(대변) 광열동력비 750,000

(대변) 급여	12,800,000
(대변) 고용비	2,500,000
(대변) 포장비	7,000,000
(대변) 기타재료비	9,300,000
(대변) 감가상각비	1,300,000
(대변) 이자비용	1,000,000

(4) 제품매출원가

본 사례에 대해서는 전년도(20x2년) 사과즙재고 ₩3,500,000과 당기말(20x3년) 사과즙재고 ₩8,700,000을 고려하여 제품매출원가를 산정하다.

(차변)	제품	65,350,000	(대변) 재공품	65,350,000
	제품매출원가	60,150,000	(대변) 제품	60,150,000

사과생산 원가명세서

제×3기 : 20×3년 1월 1일부터 20×3년 12월 31일까지
제×2기 : 20×2년 1월 1일부터 20×2년 12월 31일까지

농장명 : 효주농장 (단위 : 원)

과 목	제×3기(당기)		제×2기(전기)	
	금 액		금 액	
Ⅰ. 원재료비		9,270,000		xxxxx
1. 비료비		6,112,000		xxxxx
기초비료재고액	0		xxxxx	
당기비료매입액	6,112,000		xxxxx	
기말비료재고액	0		xxxxx	
2. 농약비		3,150,000		xxxxx
기초농약재고액	0		xxxxx	
당기농약매입액	3,150,000		xxxxx	
기말농약재고액	0		xxxxx	
Ⅱ. 노 무 비		5,310,000		xxxxxx
고 용 비	5,310,000		xxxxx	
Ⅲ. 생 산 경 비		46,908,500		xxxxxx
1. 수선비	225,000		xxxxx	
2. 광열동력비	2,052,000		xxxxx	
3. 보험료	180,000		xxxxx	
4. 감가상각비	7,951,500		xxxxx	
5. 기타재료비	3,200,000		xxxxx	
6. 포장비	25,200,000		xxxxx	
7. 복리후생비	4,500,000		xxxxx	
8. 이자비용	3,600,000		xxxxx	
Ⅳ. 당기총생산원가		61,488,500		xxxxx
Ⅴ. 기초생장물재고액		0		xxxxx
Ⅵ. 합 계		61,488,500		xxxxx
Ⅶ. 기말생장물재고액		0		xxxxx
Ⅷ. 타계정으로대체액		0		xxxxx
Ⅸ. 당기생산물생산원가		61,488,500		xxxxx

사과생산 손익계산서

제×3기 : 20×3년 1월 1일부터 20×3년 12월 31일까지
제×2기 : 20×2년 1월 1일부터 20×2년 12월 31일까지

농장명 : 효주농장 (단위 : 원)

과 목	제×3기(당기)		제×2기(전기)	
	금 액		금 액	
Ⅰ. 매 출 액		108,000,000		xxxxx
사과판매수익	108,000,000		xxxxx	
Ⅱ. 매 출 원 가		59,988,500		xxxxxx
기초생산물재고액	10,500,000		xxxxx	
당기생산물생산원가	61,488,500		xxxxx	
기말생산물재고액	12,000,000		xxxxx	
Ⅲ. 매출총이익		48,011,500		xxxxx
Ⅳ. 판매비와 관리비		1,650,000		xxxxx
운반비	1,500,000		xxxxx	
세금과공과	150,000		xxxxx	
Ⅴ. 영 업 이 익		46,361,500		xxxxx
Ⅵ. 영 업 외 수 익[10]		20,000,000		xxxxx
Ⅶ. 영 업 외 비 용		0		xxxxx
Ⅷ. 소득세차감전이익		66,361,500		xxxxx
Ⅸ. 소 득 세 등		0		xxxxx
Ⅹ. 당 기 순 이 익		66,361,500		xxxxx

10) 정부보조금

사과생산 재무상태표(대차대조표)

제×3기(당기) : 20×3년 12월 31일 현재
제×2기(전기) : 20×2년 12월 31일 현재

농장명 : 효주농장 (단위 : 원)

과 목	제×3기(당기)		제×2기(전기)	
	금 액		금 액	
자 산				
Ⅰ. 유동자산		152,070,000		83,500,000
(1) 당좌자산		140,070,000		73,000,000
현 금	1,360,000		3,000,000	
보통예금	18,710,000		20,000,000	
정기예적금	120,000,000		50,000,000	
(2) 재고자산		12,000,000		10,500,000
수확물	12,000,000		10,500,000	
Ⅱ. 비유동자산		407,091,500		409,300,000
(1) 투자자산		0	0	
(2) 유형자산		394,865,000		401,300,000
토지	120,000,000		120,000,000	
과수원	150,000,000		150,000,000	
건물	92,000,000		92,000,000	
감가상각누계액	(3,325,000)		(2,000,000)	
차량운반구	10,000,000		10,000,000	
감가상각누계액	(10,000,000)		(10,000,000)	
대농기구	58,700,000		56,300,000	
감가상각누계액	(22,510,000)		(15,000,00)	
(3) 무형자산	550,000	550,000	0	
(4) 미성숙생물자산	11,676,500	11,676,500	8,000,000	8,000,000
자 산 총 계		559,161,500		492,800,000
부 채				
Ⅰ. 유동부채		200,000,000		200,000,000
단기차입금	200,000,000		200,000,000	
Ⅱ. 비유동부채	0	0		0
장기차입금	0	0	0	
부 채 총 계		200,000,000		200,000,000
자 본				
Ⅰ. 자 본 금		359,161,500		292,800,000
자 본 금	359,161,500		292,800,000	
(당기순이익)	(66,361,500)		(xxxxxx)	
자 본 총 계		359,161,500		292,800,000
부채 및 자본 총계		559,161,500		492,800,000

사과즙 생산원가명세서

제×3기 : 20×3년 1월 1일부터 20×3년 12월 31일까지
제×2기 : 20×2년 1월 1일부터 20×2년 12월 31일까지

농장명 : 효주농장 (단위 : 원)

과 목	제×3기(당기)		제×2기(전기)	
	금	액	금	액
Ⅰ. 원 재 료 비		30,700,000		xxxxx
기초원재료재고액	0		xxxxx	
당기원재료매입액	30,700,000		xxxxx	
기말원재료재고액	0		xxxxx	
Ⅱ. 노 무 비		15,300,000		xxxxxx
고 용 비	15,300,000		xxxxx	
Ⅲ. 경 비		19,350,000		xxxxxx
1. 광열동력비	750,000		xxxxx	
2. 포장비	7,000,000		xxxxx	
3. 기타재료비	9,300,000		xxxxx	
4. 감가상각비	1,300,000		xxxxx	
5. 이자비용	1,000,000		xxxxx	
Ⅳ. 당기총제조비용		65,350,000		xxxxx
Ⅴ. 기초재공품재고액		0		xxxxx
Ⅵ. 합 계		65,350,000		xxxxx
Ⅶ. 기말재공품재고액		0		xxxxx
Ⅷ. 타계정으로대체액		0		xxxxx
Ⅸ. 당기제품제조원가		65,350,000		xxxxx

사과즙가공 손익계산서

제×3기 : 20×3년 1월 1일부터 20×3년 12월 31일까지
제×2기 : 20×2년 1월 1일부터 20×2년 12월 31일까지

농장명 : 효주농장 (단위 : 원)

과 목	제×3기(당기)		제×2기(전기)	
	금 액		금 액	
Ⅰ. 매 출 액		89,600,000		xxxxx
생산물판매수익	11,000,000		xxxxx	
사과즙가공수익	78,600,000		xxxxx	
Ⅱ. 매 출 원 가		60,150,000		xxxxxx
기초제품재고액	3,500,000		xxxxx	
당기제품제조원가	65,350,000		xxxxx	
기말제품재고액	8,700,000		xxxxx	
Ⅲ. 매출총이익		29,450,000		xxxxx
Ⅳ. 판매비와 관리비		910,000		xxxxx
통신비	910,000		xxxxx	
Ⅴ. 영 업 이 익		28,540,000		xxxxx
Ⅵ. 영 업 외 수 익		0		xxxxx
Ⅶ. 영 업 외 비 용		600,000		xxxxx
법무회계비용	600,000		xxxxx	
Ⅷ. 소득세차감전이익		27,940,000		xxxxx
Ⅸ. 소 득 세 등		0		xxxxx
Ⅹ. 당 기 순 이 익		27,940,000		xxxxx

사과즙가공 재무상태표(대차대조표)

제×3기(당기) : 20×3년 12월 31일 현재
제×2기(전기) : 20×2년 12월 31일 현재

농장명 : 효주농장 (단위 : 원)

과 목	제×3기(당기)		제×2기(전기)	
	금 액		금 액	
자 산				
Ⅰ. 유동자산		118,340,000		90,500,000
(1) 당좌자산		109,640,000		87,000,000
현 금	2,000,000		1,000,000	
보통예금	39,640,000		18,000,000	
정기예적금	68,000,000		68,000,000	
(2) 재고자산		8,700,000		3,500,000
제 품	8,700,000		3,500,000	
Ⅱ. 비유동자산		20,200,000		21,500,000
(1) 투자자산		0	0	
(2) 유형자산		20,200,000		21,500,000
건 물	26,000,000		26,000,000	
감가상각누계액	(5,800,000)		(4,500,000)	
(3) 무형자산		0		0
(4) 기타비유동자산		0		0
자 산 총 계		138,540,000		112,000,000
부 채				
Ⅰ. 유동부채		1,100,000		2,500,000
부가세예수금	1,100,000		2,500,000	
Ⅱ. 비유동부채		50,000,000		50,000,000
장기차입금	50,000,000		50,000,000	
부 채 총 계		51,100,000		52,500,000
자 본				
Ⅰ. 자 본 금		87,440,000		59,500,000
자 본 금	59,500,000		50,000,000	
(당기순이익)	(27,940,000)		(9,500,000)	
자 본 총 계		87,440,000		59,500,000
부채 및 자본 총계		138,540,000		112,000,000

다. 사과체험농장운영

효주농장에서는 사과농장체험사업도 함께 운영하고 있어 다음과 같은 거래가 이루어졌다고 가정해본다. 체험농장회계는 독립채산제경영개념으로 일반회계와 구분 처리하여 경영수지개념을 명확히 하면 더욱 뚜렷한 농장경이 이루어지게 될 것이다.

체험활동 분개

◎ '효주농장'의 사과농장체험활동 회계처리에 대한 분개는 다음과 같다.

일 자	거 래 내 용
1월 20일	체험활동을 위해 농장을 수선하고 현금 ₩350,000을 지급하다. (차변) 수선비 350,000 (대변) 현금 350,000
1월 25일	체험장에서 사용할 자재(탁자, 의자 등)를 구입하고 대금 ₩6,000,000을 계좌로 전금조치하다. (차변) 체험장자재 6,000,000 (대변) 보통예금 6,000,000
2월 27일	체험활동재료를 구입하고 대금 ₩780,000을 체크카드로 결제하다. (차변) 체험활동재료 780,000 (대변) 보통예금 780,000
4월 10일	사과꽃이 필 무렵 체험활동을 진행하고 현금 ₩1,500,000을 받다. (차변) 현금 1,500,000 (대변) 체험활동수익 1,500,000
4월 15일	체험활동을 진행하고 ₩2,870,000을 보통예금으로 이체 받다. (차변) 보통예금 2,870,000 (대변) 체험활동수익 2,870,000
5월 30일	체험종사자에 대한 인건비 ₩750,000를 현금으로 지급하다. (차변) 고용비 750,000 (대변) 현금 750,000
6월 25일	체험활동을 진행하고 ₩1,650,000을 계좌로 이체 받다. (차변) 보통예금 1,650,000 (대변) 체험활동수익 1,650,000

일 자	거 래 내 용
7월 5일	체험활동에 관련된 전기, 수도료 ₩230,000을 현금으로 지급하다. (차변) 광열동력비 230,000 (대변) 현금 230,000
8월 18일	여름철 과수원체험활동을 진행하고 ₩1,200,000을 계좌이체로 받다. (차변) 보통예금 1,200,000 (대변) 체험활동수익 1,200,000
9월 27일	체험활동재료를 구입하고 대금 ₩420,000을 신용카드로 결제하다. (차변) 체험활동재료 420,000 (대변) 미지급금 420,000
10월 12일	사과수확기에 체험활동을 진행하고 대금 ₩2,750,000을 계좌이체 받다. (차변) 보통예금 2,750,000 (대변) 체험활동수익 2,750,000
10월 19일	체험활동을 진행하고 대금 ₩2,300,000을 계좌이체 받다. (차변) 보통예금 2,300,000 (대변) 체험활동수익 2,300,000
10월 23일	전월 카드결제비 ₩420,000을 자동이체로 지불하다. (차변) 미지급금 420,000 (대변) 보통예금 420,000
11월 17일	체험종사자에 대한 인건비 ₩850,000를 현금으로 지급하다. (차변) 고용비 850,000 (대변) 현금 850,000
11월 25일	지방자치단체로부터 우수체험농장으로 선정되어 시상금 ₩3,000,000을 현금으로 받다. (차변) 현금 3,000,0000 (대변) 잡이익 3,000,000
12월 28일	체험장운영관련 통신비 ₩170,000을 자동이체로 납부하다. (차변) 통신비 170,000 (대변) 보통예금 170,000
12월 31일	단기차입금이자 ₩400,000을 자동이체로 납부하다. (차변) 이자비용 400,000 (대변) 보통예금 400,000

〈주〉 계정별 거래의 전기사항은 나타내지 않았음.

결산분개

결산분개는 각 계정의 잔액을 실제액과 일치하도록 수정하는 과정이다. 자산의 가치변동, 재고자산의 감모, 대손의 발생, 감가상가비 등 요인이 발생하므로 실제적 수정회계처리를 하게 된다.

(1) 회계처리

(가) 감가상각비

감가상각비계산은 정액법을 이용하며, 간접법을 이용하여 분개한다.

□ **건축·시설물에 대한 감가상각비계산**

(단위 : 원)

종 류	취득년도	구입가격	내용연수	상각법	상각금액
사과체험 교육장	20x2년	20,000,000	20년	정액법	1,000,000
체험장자재(비품)	20x2년	6,000,000	8년	정액법	750,000

(차변) 감가상각비 1,750,000　　　　(대변) 감가상각누계액 1,750,000

(나) 체험장 사용재료 회계처리

본 사과농장의 체험활동에 있어 당기에 구입된 재료는 모두 사용한 것으로 가정하였다. 따라서 당초 구입할 때 자산으로 인식하였던 것을 결산시에 모두 비용으로 계상하여 처리하다.

(차변) 체험활동재료비 1,200,000　　　　(대변) 체험활동재료 1,200,000

(다) 기타 회계처리

체험농장운영의 손익계산은 매출원가를 산정하여 손익을 처리할 성격이 아니므로 손익계산서나 재무상태표의 재무제표 양식도 보고식보다는 계정식으로 작성하는 것이 보다 편리하게 이용되어질 수 있을 것이다. 본 사례를 T자형 계정에 전기해 본다.

(2) 재무제표 작성

계정식

손익계산서

20x3. 1. 1. ~ 20x3. 12. 31.

효주농장 (단위 ; 원)

차 변	금 액	대 변	금 액
체험활동재료비	1,200,000	체험활동수익	12,270,000
수선비	350,000	잡이익	3,000,000
통신비	170,000		
급 여	1,600,000		
광열동력비	230,000		
감가상각비	1,750,000		
이자비용	400,000		
(소 계)	(5,700,000)		
당기순이익	9,570,000		
합 계	15,270,000	합 계	15,270,000

계정식

재무상태표(대차대조표)

20x3. 12. 31 현재

효주농장 (단위 ; 원)

차 변	금 액	대 변	금 액
현 금	2,320,000	단기차입금	20,000,000
보통예금	3,000,000	미지급금	0
건 물	20,000,000	감가상각누계액	1,750,000
체험장자재(비품)	6,000,000	자본금	0
체험활동재료	0		
		당기순이익	9,570,000
합 계	31,320,000	합 계	31,320,000

MEMO

CHAPTER

06

농업경영분석

Ⅰ. 개요

Ⅱ. 재무제표분석

Ⅲ. 손익분기점분석

CHAPTER 06

농업경영분석

Ⅰ 개요

1. 농업경영분석의 의미와 범위

가. 농업경영분석의 의미

농업경영의 목적이 농업소득을 최대로 높이는데 있으므로 좋은 경영성과를 얻기 위해서는 먼저 농업경영의 실태를 정확하게 파악하는 것이 중요하다. 오늘날 농업경영이 자본화되고 경쟁이 심화될수록 더욱 그렇다. 그리고 농업경영의사결정은 농업경영체를 둘러싼 자연적·경제적·사회적·개인적 조건 등 여러 제반조건들의 영향을 받는 다양한 상황들을 감안하여 올바른 의사결정을 해야 한다.

농업경영분석이란 먼저 경영요소와 경영성과를 계산하고, 이를 경영목표와 비교·평가 분석하여 농업경영의 실태를 파악하는 분석방법이다. 즉, 농업경영분석은 정확한 경영실태파악과 경영성과분석으로 경영실패의 요인을 찾고 경영개선을 위해 무엇을 어떻게 해야 되는가에 대한 기초자료를 얻고자 하는 것이다. 파악된 문제점에 대해서는 해결방안에 대해 여러 가지 대안을 개발하여 가장 적합한 방안을 선택하여 계획을 수립하여 추진해 나가야 한다.

특히 농업경영은 다른 일반적 사업과 달라서 지역적, 시간적, 기상적, 형태적, 규모적 또는 농업생산물의 특수성으로 인하여 경영분석과 비교에 있어서 특이성과 애로점이 많이 있다. 따라서 정확한 경영실태를 파악하기 위해서는 회계기록을 바탕으로 다양한 기법으로 접근해서 경영분석을 해 나가야 한다.

나. 농업경영분석의 범위

일반적으로 재무제표분석은 대차대조표, 손익계산서 등 재무제표를 활용한 계량적 분석으로서 농가경영관련 분석에 있어 가장 기본적인 역할을 담당하고 있다. 재무제표분석은 재무제표이용자의 의사결정에 도움이 되도록 재무제표에 포함된 정보를 이용 가능한 상태로 가공하여 제공하는 것을 말한다. 따라서 농업경영체의 재무상태나 경영성과를 분석하게 된다.

재무제표분석은 재무제표를 이용한 비율분석이 중심을 이루고 있다. 여기에는 수익성·안정성·생산성·활동성 등의 분석이 있다. 또 재무상태분석은 표준농가와 비교분석, 손익분기점분석, 경영리스크분석 등을 수행할 수 있다.

종합적 경영분석은 농업경영체에서 이루어지는 구매, 생산, 판매, 가공 등 농산물 가치 활동이 효율적으로 운용되고 있는지의 여부와 농산물의 국내외 전반적 생산·유통 상황이나 농업경제동향 등을 포괄한 광의의 분석을 말한다. 이는 재무제표분석 결과를 기초로 농가경쟁력 배양을 위한 시장환경분석(SWOT;강점·약점·기회·위협의 요인분석모형)을 할 수 있는 계기도 마련할 수 있게 될 것이다.

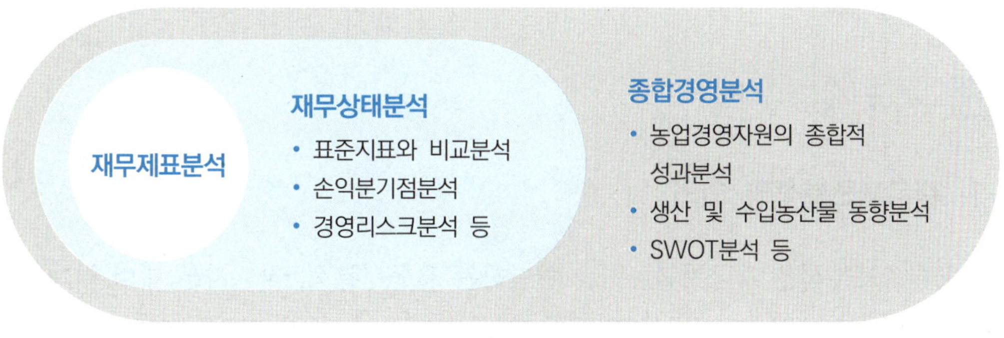

[그림 6-1] **경영분석의 범위**

2. 경영분석 비교법

경영분석 비교법으로는 일반적으로 직접비교법, 표준비교법, 시계열비교법 등이 있다.

가. 직접비교법

경영규모와 경영형태가 유사한 지역 내의 여러 농업경영체들의 평균치들을 비교기준치로 정하고, 이를 자기경영의 분석지표와 비교하는 방법이다.

나. 표준비교법

가장 이상적이고 표준적인 경영모형이라고 할 수 있는 특정농가의 경영지표를 비교기준치로 설정하고, 이를 해당 농가의 경영지표와 비교하는 방법이다. 즉, 특정농업경영체의 재무제표 수치를 유사한 다른 농업경영체들과 비교·분석하는 것으로 일명 횡단분석이라고도 한다.

다. 시계열비교법

과거의 자기경영성과를 연차적으로 비교함으로써 자신의 경영성과에 대한 동향을 평가하고 경영이 성장형인가 혹은 쇠퇴형인가를 판단하는 방법이다. 즉, 농업경영체의 재무제표 수치가 시간에 따라 어떻게 변화되었는지를 분석하는 것으로 추세분석 또는 시계열분석이라고도 한다.

Ⅱ 재무제표분석

1. 재무제표분석의 의의

대차대조표분석은 자금지불능력을 판단하는 유동성분석, 자기자본 대비 부채규모에 대한 안정성분석, 자기자본 변동에 따른 총자본에 대한 자기자본 구성비 등을 분석할 수 있다.

손익계산서분석은 경영성과를 대상으로 한다는 점에서 수익성분석의 주요 근거가 되며, 일정기간의 경영활동결과를 분석한다는 점에서 동태분석의 성격을 갖는다.

2. 농업경영분석의 사례

건하농장의 재무제표분석에는 다음과 같다고 가정해서 재무상태표(대차대조표)분석과 손익계산서분석을 실시해볼 수 있다.

〈표 6-1〉 **건하농장의 재무상태표(대차대조표) 및 손익계산서 [예]**

재무상태표(대차대조표)

20x1년도말과 20x2년도말 현재

농장명 : 건하농장 (단위 : 백만원)

	20×1년말	20×2년말		20×1년말	20×2년말
유동자산	200	240	유동부채	100	140
현금성자산	100	120	매입채무	30	40
매출채권	20	25	단기차입금	50	70
재고자산	30	35	기타유동부채	20	30
기타유동자산	50	60	비유동부채	200	210
비유동자산	500	560	자본금	300	330
(유형자산)			이익잉여금	100	120
자산총계	700	800	부채와 자본총계	700	800

손익계산서

20×1년 회계연도와 20x2년 회계연도

농장명 : 건하농장 (단위 : 백만원)

	20x1년	20x2년
매 출 액	70	90
- 매출원가	(30)	(40)
매출총이익	40	50
- 판매비와 관리비	(10)	(13)
영업이익	30	37
- 이자비용	(5)	(7)
법인세비용차감전순이익	25	30
- 법인세비용	(0)	(0)
당기순이익	25	30

가. 안정성 지표

안정성분석은 유동석분석이라고도 하며, 어떤 농업경영체가 단기적인 채무지불능력을 갖추고 있는지 또는 장기적으로 경기변동이나 시장여건변화 등 경영외적인 변화에 대응할 수 있는 능력을 지니고 있는가를 측정하는 분석방법이다. 안정성이란 경영의 재무구조, 구체적으로 자본구성, 자산구성, 재무유동성에 있어서의 안전상태를 파악하는 것이다.

(1) 유동비율

유동비율은 유동부채 상환에 대비하여 어느 정도의 현금화 가능자산을 보유하고 있는지를 판단하는 지표이다. 이는 비율이 높을수록 유동성이 높다. 일반적으로 유동비율이 200% 이상이면 유동성에 문제가 없다고 판단한다.

$$\textbf{유동비율} = \frac{\text{유동자산}}{\text{유동부채}} = \frac{240}{140} = \mathbf{1.71(171\%)}$$

(2) 부채비율

부채비율은 자기자본 대비 타인자본의 비중을 평가하는 대표적인 비율이다. 이는 비율이 낮을수록 안정성이 높다. 부채비율이 클수록 채권자의 위험이 증가하므로 채권자의 위험을 평가하는데 가장 유용하다.

$$\textbf{부채비율} = \frac{\text{부채}}{\text{자기자본}} = \frac{350}{450} = \mathbf{0.78(78\%)}$$

(3) 이자보상비율

농업경영체의 이자지급능력은 '이자비용을 상회할 만큼의 충분한 이익을 창출하고 있는지'의 여부로 평가할 수 있다. 채권자에게 지급해야 할 이자는 고정적으로 지출되는 비용이므로 이자보상비율은 이자비용에 대한 안전도를 나타낸다. 이는 비율이 높을수록 안정성이 높다. 본 사례에서 이자전세전당기순이익은 법인세비용차감전순이익에 이자비용을 가산한 금액이 된다.

$$\textbf{이자보상비율} = \frac{\text{이자전세전당기순이익}}{\text{이자비용}} = \frac{30+7}{7} = \textbf{5.29배}$$

(4) 고정장기적합률

고정장기적합률은 비유동자산의 취득에 사용된 자금 중 어느 정도를 비유동자금으로 조달하였는지를 나타내는 비율이다. 비율이 낮을수록 안정성이 높다.

$$\textbf{고정장기적합률} = \frac{\text{비유동자산}}{\text{자기자본+비유동부채}} = \frac{\text{자산총계-유동자산}}{\text{자본과 부채총계-유동부채}}$$

$$= \frac{560}{450+210} = \textbf{0.848(84.8\%)}$$

이 밖에도 안정성분석에는 다음과 같은 일반적 분석지표가 있다.

- **자기자본비율** $= \dfrac{\text{자기자본}}{\text{총자본}}$
- **유동부채비율** $= \dfrac{\text{유동부채}}{\text{자기자본(또는 총자본)}}$
- **고정부채비율** $= \dfrac{\text{고정부채}}{\text{자기자본(또는 총자본)}}$
- **고정비율** $= \dfrac{\text{고정부채}}{\text{자기자본}}$
- **당좌비율** $= \dfrac{\text{당좌자산}}{\text{유동부채}}$

나. 성장성 지표

성장성분석은 농업경영체가 창출하는 수익이나 이익 또는 농업경영체의 자산규모가 한 기간 동안 얼마나 증가했는지로 측정한다.

(1) 매출액증가율

매출액증가율은 전기매출액 대비 매출증가액의 비율로 계산한다.

$$\textbf{매출액증가율} = \frac{\text{당기매출액}-\text{전기매출액}}{\text{전기매출액}} = \frac{90-70}{70} = \mathbf{0.286(28.6\%)}$$

(2) 순이익증가율

순이익증가율은 전기순이익 대비 당기순이익증가액의 비율로 계산한다.

$$\textbf{순이익증가율} = \frac{\text{당기순이익}-\text{전기순이익}}{\text{전기순이익}} = \frac{30-25}{25} = \mathbf{0.2(20\%)}$$

(3) 총자산증가율

총자산증가율은 전기총자산 대비 총자산증가액의 비율로 계산한다.

$$\textbf{총자산증가율} = \frac{\text{당기총자산}-\text{전기총자산}}{\text{전기총자산}} = \frac{800-700}{700} = \mathbf{0.143(14.3\%)}$$

다. 수익성 지표

수익성분석은 마진율지표라고도 하는데, 매출액 대비 어느 정도의 '이익'을 얻는가를 나타내는 지표의 분석이다. 즉, 수익성분석은 일정한 기간 동안에 토지, 노동, 자본 등의 생산요소를 어느 정도 투하하여, 얼마의 이익을 얻었는가를 나타내는 하나의 효율성지표이다.

(1) 매출액순이익률

매출액순이익율은 매출로부터 얻어진 이익률을 나타내는 재무비율로, 비율이 높을수록 수익성이 높다.

$$\textbf{매출액순이익률} = \frac{\text{당기순이익}}{\text{매출액}} = \frac{30}{90} = \mathbf{0.333(33.3\%)}$$

(2) 매출액영업이익률

매출액순이익률은 농업경영체 전체의 수익성을 나타내는 반면, 매출액영업이익률은 본업인 농업생산활동에서의 수익성을 나타낸다.

$$\textbf{매출액영업이익률} = \frac{\text{영업이익}}{\text{매출액}} = \frac{37}{90} = \mathbf{0.411(41.1\%)}$$

(3) 총자산이익률

자기자본이익률은 농업경영체활동에 투입된 자본을 자기자본에 한정하여 정의한 반면, 총자산이익률은 투자자본을 총자산으로 정의함으로써, 농업경영체에 투입된 총자본이 얼마나 많은 이익을 획득하였는지를 분석하는 지표이다. 비율이 높을수록 수익성이 높다.

$$\textbf{총자산이익률} = \frac{\text{당기순이익+이자비용(또는 영업이익)}}{\text{평균총자산}}$$

$$= \frac{\text{당기순이익+이자비용(또는 영업이익)}}{(\text{기초총자산+기말총자산})\div 2} = \frac{30+7}{(700+800)\div 2}$$

$$= \mathbf{0.049(4.9\%)}$$

06 농업경영분석

(4) 자기자본이익률

자기자본순이익률은 농업경영체가 출자한 자본이 얼마나 효율적으로 이용되고 있는지를 나타내는 재무비율로, 비율이 높을수록 수익성이 높다.

$$\textbf{자기자본이익률} = \frac{\text{당기순이익}}{\text{평균자기자본}} = \frac{\text{당기순이익}}{(\text{기초자기자본}+\text{기말자기자본})\div 2}$$

$$= \frac{30}{(400+450)\div 2} = \mathbf{0.071(7.1\%)}$$

이 밖에도 일반적 수익성분석지표는 다음과 같은 것이 있다.

① 농가소득률

- $\text{농가소득률} = \frac{\text{소득}}{\text{총수익}}$

② 자본수익성 지표

- 자본순수익 = 조수입 - (경영비+가족노동평가액+자기토지지대)
  = 농업소득 - (가족노동평가액 + 자기토지지대)
  = 농업순수익 + 자기자본이자
- $\text{자본이익률} = \frac{\text{자본순수익}}{\text{투하자본액}}$
- $\text{자본회전율} = \frac{\text{조수입}}{\text{투하자본액}}$
- $\text{자본회전기간} = \frac{\text{12개월}}{\text{자본회전률}}$
- $\text{자본수익율} = \frac{\text{자본이익률}}{\text{자본회전률}} = \frac{\text{자본이익률}\times\text{자본회전기간}}{\text{12개월}}$

③ **토지수익성 지표**

- 토지순수익 = 농업소득 - (가족노동력평가액 + 자기자본이자)
  = 순수익 + 자기토지지대

- $\text{면적단위당 토지순수익} = \dfrac{\text{토지순수익}}{\text{토지면적}}$

- $\text{토지수익가} = \dfrac{\text{단위면적당 토지순수익}}{\text{일반시장이자율}}$

④ **노동수익성 지표**

- 가족노동보수 = 농업소득 - (자기토지지대 + 자기자본이자)
  = 순수익 + 가족노동평가액

- $\text{1인당 가족노동보수} = \dfrac{\text{가족노동보수}}{\text{가족노동력단위수}}$

- $\text{1인당 가족노동보수} = \dfrac{\text{가족노동보수}}{\text{가족노동시간}} \times 8(\text{시간})$

⑤ **생산원가구성비**

- $\text{생산원가구성비} = \dfrac{\text{생산원가}}{\text{매출액}}$

참고

〔당기순이익〕의 살펴보기

당기순이익은 벌어들인 수입에서 비용을 뺀 나머지를 말한다. 당기순이익은 경영체의 생활비에 사용되며, 남을 경우 이익잉여금이란 이름으로 대차대조표의 자본을 증가시킨다. 따라서 당기순이익을 크게 하는 것이 경영의 주요한 목표가 된다.

당기순이익이 다른 농업경영체에 비해 작을 경우 여러 가지를 살펴보아야 한다. 재배작목이 다른지, 재배규모가 다른지, 매출이 적은지, 비용이 과다한지 등 다양한 항목을 검토하여 문제점을 발견해야 한다. 비교할 수 있는 대상이나 자료가 충분한지 못하거나 분석에 어려움이 있다면, 농업기술센터 등 농촌지도기관이나 전문가로부터 경영컨설팅을 받는 것이 좋다.

라. 활동성 지표

활동성지표는 농업경영체에 투하된 자본에 비하여 농산물매출활동이 얼마나 활발하였는지를 평가하는 분석이다. 이는 자산운용의 효율성지표 또는 자산회전률지표라고도 한다. 활동성지표는 일반적으로 매출액 등 수익이나 매출원가 등 비용항목을 자산항목으로 나누어 계산한다. 이때 수익이나 비용항목은 기간측정치이나 자산항목은 시점측정치이다. 따라서 분모인 시점측정치는 분자인 기간측정치와 일관성을 지니도록 두 시점(전기말과 당기말)의 단순평균을 일반적으로 사용한다.

(1) 총자산회전률

총자산회전률은 자산의 효율적인 운영여부를 총괄적으로 나타내는 지표이다. 비율이 높을수록 효율성이 높다.

$$\textbf{총자산회전률} = \frac{\text{매출액}}{\text{평균총자산}} = \frac{\text{매출액}}{(\text{기초총자산}+\text{기말총자산})\div 2}$$

$$= \frac{90}{(700+800)\div 2} = \textbf{0.12회}$$

(2) 매출채권회전률

매출채권회전률은 매출채권에 대한 투자효율성을 나타내는 비율로, 비율이 높을수록 효율성이 높다. 매출채권평균회수기간은 농산물이 판매된 날로부터 판매대금이 회수되는 평균기간을 말하며, 365일을 매출채권회전율로 나누어 계산한다. 이는 외상판매대금이 평균적으로 며칠만에 회수되는지를 말해준다.

$$\textbf{매출채권회전률} = \frac{\text{매출액}}{\text{평균매출채권}} = \frac{\text{매출액}}{(\text{기초매출채권}+\text{기말매출채권})\div 2}$$

$$= \frac{90}{(20+25)\div 2} = \textbf{4회}$$

$$\textbf{매출채권평균회수기간} = \frac{\text{365일}}{\text{매출채권회전률}} = \frac{\text{365일}}{\text{4회}} = \textbf{91.25일}$$

(3) 농산물재고자산회전률

재고자산회전률은 한 회계기간(1년)에 재고가 몇 회 회전을 하였는가를 나타내는 지표이다. 회전율이 높다는 것은 농산물재고자산이 빨리 판매되고 있음을 뜻한다. 비율이 높을수록 효율성이 높다. 실무에서는 매출원가 대신에 매출액을 사용하는 것이 일반적이지만, 분모에 사용된 재고자산이 취득원가이므로 매출원가를 사용하는 것이 합리적이다.

재고자산회전기간은 농산물이 창고에 쌓여 있는 평균기간을 의미하는데, 이 기간은 재고자산회전율과 역수의 관계에 있다.

$$\textbf{농산물재고자산회전률} = \frac{\text{매출원가}}{\text{평균재고자산}} = \frac{\text{매출원가}}{(\text{기초재고자산}+\text{기말재고자산})\div 2}$$

$$= \frac{40}{(30+35)\div 2} = \textbf{1.23회}$$

$$\textbf{농산물재고자산평균회전기간} = \frac{\text{365일}}{\text{재고자산회전률}} = \frac{\text{365일}}{\text{1.23회}} = \textbf{296.75일}$$

마. 생산성 지표

생산성분석은 생산요소의 투입량(액)과 생산물의 산출량(액) 사이의 비율을 의미하며 효율성 또는 능률성과 유사한 개념이다. 생산성은 물량이나 화폐가치로 평가하여 나타낼 수 있다. 생산성 향상은 일정량의 생산요소 투입으로 생산량을 증대시키거나 일정량의 생산량을 산출하기 위해 생산요소 투입을 감소시킴으로써 가능하다.

① **노동생산성** $= \frac{\text{생산량(액)}}{\text{노동투입량(액)}}$

② **자본생산성** $= \frac{\text{생산량(액)}}{\text{자본투하량(액)}}$

③ **토지생산성** = $\frac{\text{생산량(액)}}{\text{경지면적}}$

④ **자본구성도** = 자본장비율 = $\frac{\text{농업자본액}}{\text{영농시간}}$

⑤ **자본집약도** = $\frac{\text{농업자본액}}{\text{경지면적}}$

⑥ **노동집약도** = $\frac{\text{영농시간}}{\text{경지면적}}$

Ⅲ 손익분기점분석

1. 손익분기점분석의 개요

손익분기점(Break-Even Point: BEP)이란 손실도 이익도 발생하지 않는 점을 말한다. 즉, 이익이 '0'인 점을 말하며, 이는 곧 농업경영의 채산점이 된다. 쉽게 얘기하면 '얼마나 팔아야 똔똔이 되나?'이다. 농업경영체는 손실을 회피하기 위하여 투입해야 할 최소한의 노력수준을 파악해야 하므로 손익분기점에 관심을 두게 된다.

손익분기점 분석을 통하여 농업경영의 이익계획 설정이나 합리적인 방안을 강구하는 데 도움이 되는 자료를 얻을 수 있다.

손익분기점의 유용성은 손익분기점을 중심으로 수익과 비용 및 손익의 관계를 동시에 파악하는 데 있지만, 응용 범위는 매우 다양하다. 그리고 이 분석은 비용 중에 고정비와 변동비의 부분에 대하여 중시한다. 고정비와 변동비의 개념을 잘 구분해야 한다. 그래야만 수익과 비용의 관계를 정확히 파악해 나갈 뿐만 아니라 효율적인 농업경영을 도모해 나갈 수 있다.

2. 손익분기점분석의 방법

가. 변동비와 고정비의 구분

손익분기점분석을 수행하기 위해서는 먼저 손익계산서의 비용항목을 고정비와 변동비로 나누어야 한다.

변동비란 농산물생산에 비례해서 증감하는 비용이다. 농산물생산 변동비에는 종묘비, 비료비, 농약비, 가축구입비, 광열동력비 등이 있다. 판매비와 일반관리비의 변동비에는 운임, 포장비, 판매수수료 등이 있다.

고정비란 항상 생산과 매출에 비례해서 증감하는 것이 아니라 언제나 일정한 금액으로 발생하는 비용이다. 생산원가 고정비에는 감가상각비, 보험료, 임차료 등이 있다. 판매비 및 일반관리비 고정비에는 고용비, 급료 등이 있다.

변동비와 고정비 양쪽에 속하는 것은 변동비부분과 고정비부분으로 나눈다. 예를 들어 전화료에 있어서의 기본요금은 사용하지 않아도 지급해야 할 필요가 있으므로 고정비에 속하고, 사용량에 따라 요금이 가산되는 것은 변동비가 된다.

〈표 6-2〉 **변동비와 고정비**

구 분	변 동 비	고 정 비
농산물생산원가	종묘비, 비료비, 농약비, 가축구입비, 사료비, 광열동력비 등	감가상각비, 보험료 임차료, 수선비
판매비와 일반관리비	운임, 포장비, 보험료, 판매수수료	고용비, 급료, 수당

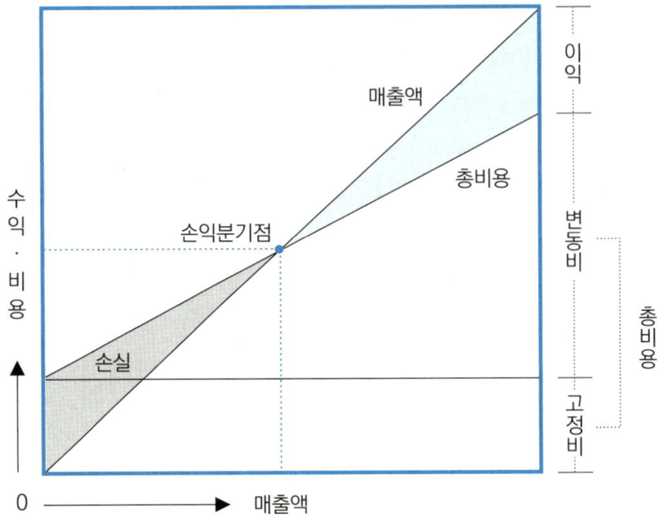

[그림 6-2] **손익분기점분석표**

나. 손익분기점관련 응용산출방법

손익분기점의 유용성은 손익분기점을 중심으로 수익과 비용 및 손익의 관계를 동시에 파악하는 데 있지만, 응용범위는 매우 다양하다. 예를 들면, 일정한 이익을 획득하는데 필요한 매출액의 계산, 시장 판매단가의 변동에 따른 손익분기점의 변화, 변동비 또는 고정비의 증감에 따른 손익분기점의 변화 그리고 일정액의 매출에 따른 예상이익률의 산출 등에 적용할 수 있다.

① 손익분기점 매출액(x)를 산출하는 공식

$$x = 고정비 \div \left(1 - \frac{변동비}{매출액}\right)$$

따라서 손익은 0이 된다.

② 일정한 매출액을 올렸을 경우의 손익(x)를 산출하는 공식

$$x = 매출액 \times \left(1 - \frac{변동비}{매출액}\right) - 고정비$$

③ **일정한 손익(g)를 올리는 데 필요한 매출액(x)를 산출하는 공식**

$$x = (고정비+g) \div (1 - \frac{변동비}{매출액})$$

④ **판매가격이 r율(예컨대 10%)만큼 변했을 경우의 손익분기점 x를 산출하는 공식**

$$x = 고정비 \div [\ 1 - \frac{변동비}{매출액(1 \pm r)}\ ]$$

⑤ **변동비율이 r율만큼 변했을 경우의 손익분기점 x를 산출하는 공식**

$$x = 고정비 \div [\ 1 - \frac{변동비}{매출액}(1 \pm r)]$$

⑥ **고정비가 a액만큼 증감했을 경우의 손익분기점 x를 산출하는 공식**

$$x = (고정비 \pm a) \div (\ 1 - \frac{변동비}{매출액})$$

다. 공헌이익의 의미와 분석

공헌이익은 매출액에서 변동비를 뺀 것을 공헌이익이라고 한다. 이것은 농산물을 판매할 때마다 발생하는 이익이며, 한계이익이라고도 한다. 공헌이익률은 농산물의 수익력을 나타낸다. 이는 고정비를 회수하고 이익을 획득하는데 공헌하는 이익을 뜻한다.

한편 공헌이익은 판매수량의 변화에 따라 변동되는 총수익과 총변동비의 차이(매출액-변동비)를 말한다. 즉 공헌이익률은 매출액에 대한 공헌이익의 비율로 매출액 중에서 고정비를 회수하고 영업이익의 획득에 공헌하는 비율이다.

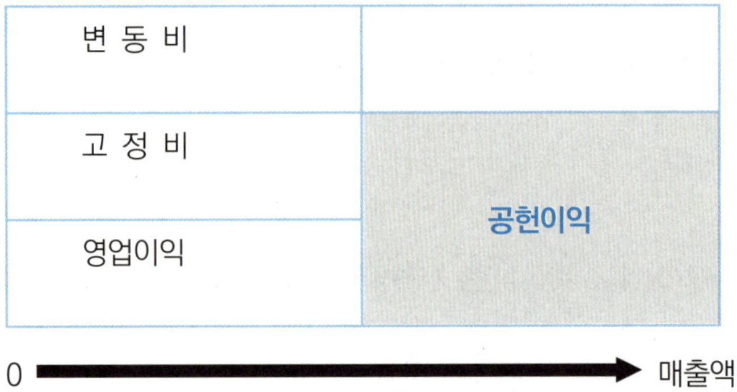

≪공헌이익관련 경영분석≫

- **공헌이익 = 매출액 − 변동비**

- **영업이익 = 공헌이익 − 고정비**

- **공헌이익률 =** $\frac{\text{공헌이익}}{\text{매출액}}$

- **손익분기점의 매출액 =** $\frac{\text{고정비}}{\text{공헌이익률}}$

- **목표이익달성의 매출액 =** $\frac{\text{고정비+목표이익}}{\text{공헌이익률}}$

3. 손익분기점 분석의 사례

농업경영사례를 통해 손익분기점 분석에 대한 이해를 높여보자.

가. 손익분기점 매출액 및 생산량

손익분기점 매출액과 생산량을 산출하기 위해서는 고정비와 변동비 구성이 어떻게 이루어지고 있는가에 대해 살펴보아야 한다.

예시 건하농장은 딸기를 촉성재배하기 위해 비닐하우스로 10a(약 303평) 농사를 짓고 있다. 딸기 생산에 대한 경영비는 다음과 같다.

(금액 단위 : 원)

항 목		금 액	경영비 구성비율	비 고
생 산 수 량 (A)		3,080kg		
매 출 액 (B)		23,161,751		
경영비	고정비(C)	3,410,316	25.8%	
	변동비(D)	9,818,190	74.2%	
	계(E)	13,228,506	100%	
농업소득(F=B−E)		9,933,245		
공헌이익(G=B−D)		13,343,561		공헌이익률 57.6%(G/B)
kg당 매출가격 (매출÷생산수량)		7,520		
kg당 변동비 (변동비÷생산수량)		3,188		

㈜ 본 자료의 농업경영 데이터는 「2020 농축산물소득자료집」(농촌진흥청)을 인용하였다.

건하농장의 손익분기점 매출액과 생산량을 계산해보면 다음과 같다.

- **공헌이익률** $= \dfrac{\text{공헌이익}}{\text{매출액}} = \dfrac{13{,}343{,}561}{23{,}161{,}751} = 57.7\%$
- **손익분기점 매출액** $= \dfrac{\text{고정비}}{\text{공헌이익률}} = \dfrac{3{,}410{,}316}{0.576} = 5{,}920{,}688$
- **손익분기점 생산량** $= \dfrac{\text{고정비}}{\text{단가-1단위당 변동비}} = \dfrac{3{,}410{,}316}{7{,}520-3{,}188} = 787\text{kg}$

이처럼 산출된 손익분기점 매출액과 손익분기점 생산량을 참고로 다음 연도의 사업계획수립 등 농장 경영에 활용하면 될 것이다. 다만 향후에도 농산물 판매가격과 생산에 따르는 고정비, 변동비가 어떻게 변화되는가에 따라 산출되는 손익분기점 산출계수가 달라진다는 것을 염두에 두어야 할 것이다.

나. 목표이익 설정

농업경영에서 목표이익 설정시에는 가족들의 자가노동비, 경영주의 노동보수, 유동자본용역비, 고정자본용역비, 토지자본용역비 등을 고려하여 설정해볼 수 있다.

예시 건하농장은 딸기를 촉성재배하기 위해 비닐하우스로 10a(약 303평) 농사를 지으면서 생산비에 계상될 수 있는 금액을 농장의 목표이익으로 하여 다음과 같이 가설계수로 설정해 보았다.

(단위 : 원)

항 목	금 액	비 고
자가노동비	9,000,000	
유동자본용역비	200,000	
고정자본용역비	500,000	
토지자본용역비	300,000	
계	10,000,000	

상기 자료의 농장목표이익 설정은 모두 10,000,000원이다. 목표이익 달성을 위한 매출액 및 생산량은 다음과 같다.

- **목표이익달성 매출액** $= \dfrac{\text{고정비+목표이익}}{\text{공헌이익률}} = \dfrac{3{,}410{,}316+10{,}000{,}000}{0.576} = 23{,}281{,}799$원
- **목표이익달성 생산량** $= \dfrac{\text{고정비+목표이익}}{\text{단가-1단위당 변동비}} = \dfrac{3{,}410{,}316+10{,}000{,}000}{7{,}520-3{,}188} = 3{,}096\text{kg}$

위의 예시의 목표이익 설정에는 농업생산비로 계상될 수 있는 자가노동비, 유동자본용역비, 고정자본용역비, 토지자본용역비에 대해 가설계수를 대입해 보았다.

그런데 현실적인 농업경영 상황에서는 생산비를 근거로 목표이익을 설정하여 매출액을 달성하는 것이 매우 어려운 실정이다.

따라서 일반적으로 농축산물 소득자료 산출에 있어서는 '순이익(총수입에서 생산비를 차감한 잔액)' 개념이 아닌 '소득(총수입에서 경영비를 차감한 잔액)'개념으로 주로 산출·이용되고 있다. 그렇다면 '경영자보수' 항목만 목표이익을 설정하여 목표이익달성 매출액과 생산량을 산출해 보면 보다 실질적인 손익분기점의 관련데이터를 도출해 볼 수 있을 것이다.

앞으로 손익분기점 분석을 통한 이익계획을 포함한 농업경영계획 등 방안을 수립해 나가면 농가소득증대 및 농업경쟁력 향상을 위해서 많은 도움이 될 것이다. 고정비용·변동비용에 대한 원가절감 및 농산물 생산성 향상과 더불어 농산물수취가격 제고 등에 대한 대책 수립 및 합리적인 의사결정을 해 나가는 것은 매우 지혜로운 농업경영의 중요한 방안이 될 수 있다.

MEMO

CHAPTER 07

농업세무회계

CHAPTER 07

농업세무회계

I 세무회계의 개요

1. 세무회계의 의의 및 회계처리

가. 세무회계의 의의

세금은 국가 또는 지방자치단체가 특정한 반대급부 없이 개인이나 기업에게 강제적으로 징수하는 금전이나 재화이다.

기업회계기준은 기업회계의 투명성을 제고하고 기업의 연속성 등을 평가하기 위하여 만들어진 제도이지만 세법은 국세징수의 합목적성을 달성하고 다른 기업과 동일한 조건에서 세금을 부과하기 위한 것으로 기업회계기준의 당기순이익과 세법에 의해 계산된 사업연도의 소득금액이 차이가 나게 마련이다. 따라서 세무회계는 세법에 따라 다시 계산하는 절차로 조세를 부과하는 과세소득의 산정이 목적이다. 이러한 기업회계처리에 따라 순이익이 산출되면 익금산입, 익금불산입, 손금산입, 손금불산입 등 세무상의 요구에 따라 차이를 조정하여 소득을 계산하여야 하는데 이를 세무조정이라 한다.

조세의 구분은 분류방법에 따라 여러 가지가 있으나 기업회계와 세무회계를 처리하기 편리한 방법으로 분류하면 크게 과세주체가 국가인 국세와 과세주체가 지방자치단체인 지방세로 나눌 수 있다.

나. 조세체계

(1) 국세

소득과세	재산과세	소비과세
· 소득세 · 법인세	· 상속세 · 증여세 · 종합부동산세 · 인지세 · 농어촌특별세 (증권거래세, 종합부동산세분)	· 부가가치세 · 개별소비세 · 교통,에너지,환경세 · 주세 · 증권거래세 · 관세 · 농어촌특별세 (개별소비세, 관세 감면분)

(2) 지방세

소득과세	재산과세	소비과세
· 지방소득세 · 주민세(종업원분)	· 취득세 · 등록면허세 · 재산세 · 주민세(재산분) · 자동차세(소유분) · 지방교육세 (취득세, 등록면허세, 재산세분) · 지역자원시설세 (특정부동산분)	· 레저세 · 지방소비세 · 자동차세(주행분) · 지방교육세 (레저세, 담배소비세분) · 지역자원시설세(특정자원분)

다. 세금의 농업회계처리 해당계정과목

계정과목	세금의 내용
해당자산의 취득원가에 가산	대농기구, 건물, 차량운반구, 기계장치 등 유형자산의 취득 시 부과되는 취득세 등
세금과공과	영업과 관련하여 부과하는 재산세, 자동차세, 재산분주민세
인출금	개인농장주에 부과되는 종합소득세(사업소득세), 소득할주민세
예수금 또는 가수금	급여지급 시 원천징수한 근로소득세
법인세	농업법인의 소득에 부과되는 법인세
부가가치세 대급금 · 예수금	매입과 매출에 부과되는 부가가치세 해당액

Ⅱ 세목별 농업회계처리

1. 소득세

가. 사업소득세

사업이란 특정인의 위험과 계산 아래 독립적으로 경영되는 영리를 목적으로 하는 업무로서 경영주체의 의사나 사회적·객관적 사실관계로 보아 동종의 행위를 계속·반복하여 행하는 것을 말하는데, 이러한 사업에서 얻는 총수입금액에서 필요경비를 차감한 소득을 사업소득이라 한다.

사업소득세는 개인사업자가 사업결과로 얻은 소득(이익)에서 내는 세금으로 소득이 없으면 세금을 내지 않을 수 있다. 이러한 소득세는 일정기간에 발생된 개인의 소득에 대하여 과세하는 조세이다. 현행세법에 따라 소득을 크게 나누면 종합소득과 분리과세소득의 두 가지로 구분한다.

개인에게 다수의 소득이 있을 때에는 그 모든 소득을 종합하여 과세하게 되는데 이를 종합소득세라 하며 소득내용에는 이자소득, 배당소득, 사업소득, 근로소득, 연금소득, 기타소득이 있다. 그리고 종합소득에 합산하지 아니하고 분리과세하는 분리과세소득으로 퇴직소득, 양도소득이 있다. 개인이 소득세를 납부하는 경우에는 기업주의 자본을 인출하여 납부하는 것이 되므로 인출금계정 또는 가지급금계정의 차변에 기입한다.

나. 농업소득에 대한 소득세 납부

농업소득은 소득세법 제12조(비과세소득) 제2호에 의하면,

(1) 논밭을 작물생산에 이용하게 함으로써 발생하는 소득과
(2) 대통령령으로 정하는 농가부업소득은 소득세를 납부하지 아니한다고 하였다.
(3) 농가부업규모의 축산소득의 범위를 소득세법 제12조1항의 "다"에 기술하였다.

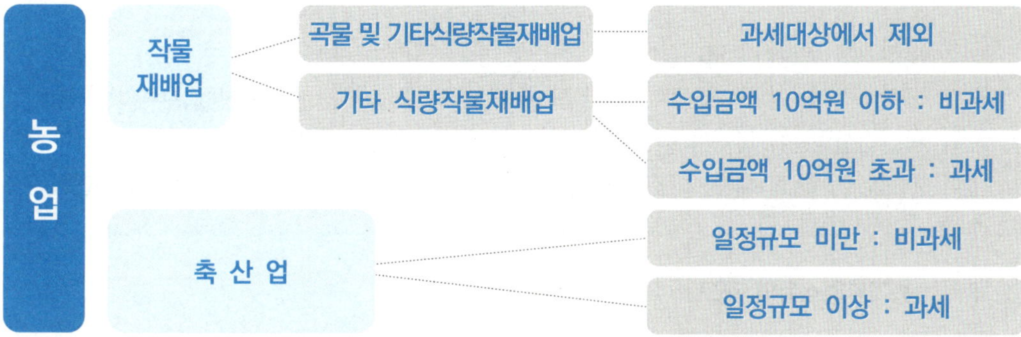

[그림 7-1] **농업소득에 대한 소득세 납부의무**

〈농업관련 비과세 소득〉

1. 소득세법 제12조(비과세소득)에 의하면 다음 각 호의 소득에 대해서는 소득세를 과세하지 아니한다.
2. 사업소득 중 다음 각목의 어느 하나에 해당하는 소득
   가. 논·밭을 작물 생산에 이용하게 함으로써 발생하는 소득
   나. 생략
   다. 대통령령으로 정하는 농가부업소득
   라. 대통령령으로 정하는 전통주의 제조에서 발생하는 소득
   마. 조림기간 5년 이상인 임지의 임목의 벌채 또는 양도로 발생하는 소득으로서 연 600만원 이하의 금액, 이 경우 조림기간 및 세액의 계산 등 필요한 사항은 대통령령으로 정한다.
   바. 대통령령으로 정하는 작물재배업에서 발생하는 소득

〈농가부업소득의 범위〉

1. 소득세법 제12조 제2호 다목에서 "대통령령으로 정하는 농어가부업소득"이란 농 · 어민이 부업으로 경영하는 축산 · 고공품(藁工品)제조 · 민박 · 음식물판매 · 특산물제조 · 전통차 제조 · 양어 및 그 밖에 이와 유사한 활동에서 발생한 소득 중 다음 각 호의 소득을 말한다.
2. 소득세법 시행령 별표 1의 농가부업규모의 축산에서 발생하는 소득
3. 제1호 외의 소득으로서 소득금액의 합계액이 연 3천만원 이하인 소득
   가. 제1항 각호외의 부분에서 "민박"이라 함은 「농어촌정비법」에 따른 농어촌민박사업을 말한다.
   나. 제1항 각 호 외의 부분에서 "특산물"이란 「식품산업진흥법」에 따른 전통식품, 「수산식품산업의 육성 및 지원에 관한 법률」에 따른 수산전통식품 및 「농수산물 품질관리법」에 따른 수산특산물을 말한다.
   다. 제1항 각 호 외의 부분에서 "전통차"란 「식품산업진흥법」 제22조에 따라 농림축산식품

부장관이 인증한 차를 말한다.

라. 제1항 각 호 외의 부분에서 "양어"란 통계청장이 고시하는 한국표준산업분류(이하 "한국표준산업분류"라 한다)에 따른 어업 중 양식어업을 말한다.

마. 제1항을 적용할 때 농어가부업소득의 계산에 필요한 사항은 기획재정부령으로 정한다.

〈표 7-1〉 **농가부업소득의 규모**

종 별	사 육 두 수	비 고
젖소	50마리	
소	50마리	
돼지	700마리	
산양	300마리	
면양	300마리	
토끼	5,000마리	
닭	15,000마리	
오리	15,000마리	
양봉	100군	

〈주〉 ① 성축을 기준으로 한다. 다만, 육성우의 경우에는 2마리를 1마리로 본다.
② 사육두수는 매 월말 현황에 의한 평균 두수로 한다.

다. 자경농지에 대한 양도소득세 감면

(1) 개요

농지소재지에 거주하는 거주자가 취득일로부터 양도일 사이에 8년 이상 직접 경작한 토지를 양도하는 때에는 양도일 현재 농지인 경우 양도소득세의 100% 감면한다.

(2) 거주자요건

8년 이상 농지소재지에 해당하는 지역(경작개시 당시에는 당해 지역에 해당하였으나 행정구역의 개편 등으로 이에 해당하지 아니하게 된 지역을 포함)에 거주하면서 경작한 자로서, 농지 양도일 현재 "소득세법" 제1조의 2 제1항 제1호에 따른 거주자인 자(비거주자가 된 날부터 2년 이내인자를 포함한다)를 말한다.

(3) 자경기간의 요건

취득일로부터 양도일 사이에 8년 이상 농지를 직접경작한 자.

(4) 농지요건

양도당시 농지일 것. 다만, 양도일 이전에 매매계약조건에 따라 매수자가 형질변경, 건축착공 등을 한 경우에는 매매계약일 현재의 농지를 기준으로 한다.

(5) 자경의 요건

2006. 2. 9. 신설된 조세특례제한법 시행령 제66조 제12항에서는 '직접경작'이라 함은 거주자가 그 소유농지에서 농작물의 경작 또는 다년생 식물의 재배에 상시 종사하거나 농작업의 2분의1이상을 자기의 노동력에 의하여 경작 또는 재배하는 것을 말한다고 규정하고 있다.

라. 농지의 교환·분합에 따른 양도소득세 비과세 (조세특례제한법 시행령 제67조)

(1) 감면요건

(가) 경작상 필요에 의하여 대토하는 농지일 것

(나) 다음 각 호의 요건을 모두 갖춘 대토일 것.

① 4년 이상 종전토지의 토지에서 재촌, 경작한 자가

② 종전농지를 먼저 양도하고 새로운 농지를 취득한 경우에는 종전농지 양도일로부터 1년 내에 새로운 농지를 취득하여 그 취득일로부터 1년 내에 새로운 농지 소재지에서 재촌·경작하여야하며

③ 새로운 농지를 먼저 취득하고 종전농지를 다음에 양도한 경우에는 새로운 농지 취득일로부터 1년내 종전 농지를 양도하고 종전농지 양도일부터 새로운 농지 소재지에 재촌·경작하여야 한다.

④ 새로 취득하는 농지의 면적이 양도하는 농지의 면적 3분의 2 이상이거나 그

가액이 양도하는 농지의 가액의 2분의 1이상인 경우

⑤ 신규농지를 취득한 후 계속하여 새로운 농지소재지에 거주하면서 경작하는 경우로서 종전의 농지소재지에 거주하면서 경작한 기간과 새로운 농지소재지에 거주하면서 계속하여 경작한 기간이 합산하여 8년 이상일 것.

2. 법인세

가. 법인세란?

법인세는 법인이 얻은 소득에 대하여 그 법인에게 과세하는 국세를 말한다. 이러한 법인세의 주요내용은 다음과 같다.

(1) 법인세는 영농조합법인, 농업회사법인과 같이 법인형태로 사업을 하는 경우 그 사업에서 발생한 소득에 대하여 내는 세금이다.

(2) 각 사업연도 소득에 대해 법인세가 과세되고 비사업용 토지와 국내소재 주택을 양도할 때 생기는 소득에 대해서는 법인세와 별도로 투기방지를 위해 토지 등 양도소득세에 대한 법인세를 추가로 납부하게 된다.

(3) 익금은 사업에서 생기는 수익금액 외에 사업과 관련하여 발생하는 자산의 양도금액, 자산의 평가차익, 무상으로 받은 자산의 가액, 정부보조금 및 자연재해 보상금 등도 익금에 포함된다.

(4) 손금은 농산물 등의 원가와 인건비 외에 사업과 관련하여 지출한 접대비, 복리후생비 등을 포함하며 세법에서는 접대비, 감가상각비 등에 대해 한도를 두고 있어 한도금액을 초과한 부분에 대하여는 세무회계에서는 세무조정계산서를 통하여 손금인정을 하지 않고 있다.

(5) 다만, 영농조합법인과 농업회사법인에 대한 법인세 면제 및 감면제도가 시행되고 있다(조세제한특례법 제66조, 제68조).

나. 법인세의 신고와 납부

(1) 법인세의 신고

법인세 신고기한은 사업연도 종료일부터 3월 내에 법인세 과세표준 및 세액신고서를 작성하여 납세지 관할세무서장에게 신고하여야 한다.

(2) 법인세의 납부

법인세신고서에 기재된 납부세액을 법인세 신고기한 내에 세무관서나 금융기관에 자진납부하여야 한다.

(3) 법인세의 분납

납부할 세액이 1천만 원을 초과하는 경우에는 1천만 원 초과분 중 일부를 납부기한이 경과한 날부터 1월 내(중소기업의 경우 2월 내)에 나누어 납부할 수 있다.

다. 법인세할 주민세의 납부

개인사업자와 달리 사업연도 종료일부터 4월내에 법인세 총부담세액의 10%를 사업장소재지를 관할하는 시·군·구에 신고·납부하여야 한다.

3. 부가가치세

가. 부가가치세의 의의

부가가치세(Value-Added Tax, VAT)는 이론상 부가가치를 과세대상으로 하는 소비세에 속하는 국세이다. 부가가치란 각 거래단계에서 사업자가 독자적으로 새롭게 창출하는 가치의 증가분이라고 정의할 수 있다.

이는 면세를 제외한 모든 재화와 용역의 공급과 재화의 수입을 과세대상으로 하는 일반소비세이다. 또한 이는 세금을 부담하는 담세자와 세금을 신고·납부하는 납세의무자가 다른 간접세이다.

부가가치세는 매입·매출 각 거래단계마다 가치의 증분에 대하여 세금을 부가함으로 이의 회계처리는 매입시의 부가가치세는 부가가치세대급금(매입세액) 계정으로 처리하고, 매출 시의 부가가치세는 부가가치세예수금(매출세액)으로 처리한 후 납부시는 부가가치세예수금에서 부가가치세대급금을 차감한 잔액을 납부하거나 환급받으면 된다.

나. 재화와 용역의 공급시기

(1) 재화의 공급시기

재화가 공급되는 시기는 다음 각 호의 구분에 따른 때로 한다. 이 경우 구체적인 거래 형태에 따른 재화의 공급시기에 관하여 필요한 사항은 대통령령으로 정한다.

① 재화의 이동이 필요한 경우: 재화가 인도되는 때
② 재화의 이동이 필요하지 아니한 경우: 재화가 이용가능하게 되는 때
③ 위 1항과 2항을 적용할 수 없는 경우: 재화의 공급이 확정되는 때
④ 할부 또는 조건부로 재화를 공급하는 경우 등의 재화의 공급시기는 대통령령으로 정한다.

(2) 용역의 공급시기

용역이 공급되는 시기는 다음 각 호의 어느 하나에 해당하는 때로 한다.

① 역무의 제공이 완료되는 때
② 시설물, 권리 등 재화가 사용되는 때
③ 위 1항과 2항에도 불구하고 할부 또는 조건부로 용역을 공급하는 경우 등의 용역의 공급시기는 대통령령으로 정한다.

(3) 재화 및 용역의 공급시기의 특례

① 사업자가 부가가치세법 제15조 또는 동법 제16조에 따른 재화 또는 용역의 공급시기가 되기 전에 재화 또는 용역에 대한 대가의 전부 또는 일부를 받고, 그 받은 대가에 대하여 부가가치세법 제32조에 따른 세금계산서 또는 동법 제36조에 따른 영수증을 발급하면 그 세금계산서 등을 발급하는 때를 각각

그 재화 또는 용역의 공급시기로 본다.

② 사업자가 재화 또는 용역의 공급시기가 되기 전에 부가가치세법 제32조에 따른 세금계산서를 발급하고 그 세금계산서 발급일부터 7일 이내에 대가를 받으면 해당 세금계산서를 발급한 때를 재화 또는 용역의 공급시기로 본다.

③ 위2항에도 불구하고 대가를 지급하는 사업자가 다음 각 호의 어느 하나에 해당하는 경우에는 재화 또는 용역을 공급하는 사업자가 그 재화 또는 용역의 공급시기가 되기 전에 부가가치세법 제32조에 따른 세금계산서를 발급하고 그 세금계산서 발급일부터 7일이 지난 후 대가를 받더라도 해당 세금계산서를 발급한 때를 재화 또는 용역의 공급시기로 본다.

㉮ 거래 당사자 간의 계약서 · 약정서 등에 대금 청구시기(세금계산서 발급일을 말한다)와 지급시기를 따로 적고, 대금 청구시기와 지급시기 사이의 기간이 30일 이내인 경우

㉯ 세금계산서 발급일이 속하는 과세기간(공급받는 자가 부가가치세법 제59조 제2항에 따라 조기환급을 받은 경우에는 세금계산서 발급일부터 30일 이내)에 재화 또는 용역의 공급시기가 도래하고 세금계산서에 적힌 대금을 지급받은 것이 확인되는 경우

④ 사업자가 할부로 재화 또는 용역을 공급하는 경우 등으로서 대통령령으로 정하는 경우의 공급시기가 되기 전에 제32조에 따른 세금계산서 또는 부가가치세법 제36조에 따른 영수증을 발급하는 경우에는 그 발급한 때를 각각 그 재화 또는 용역의 공급시기로 본다.

다. 부가가치세의 계산

(1) 전단계 거래액공제법

일정기간 동안 농업경영체가 매출한 상품 등의 가격에서 매입한 상품 등의 가격을 차감하여 부가가치에 세율을 곱한 방식이다.

부가가치세 납부세액 = (매출액 – 매입액) × 세율

(2) 전단계 세액공제법

경영체가 매출액에 세율을 곱하여 계산한 다음 매입액에도 세율을 곱하여 계산한 후 납부 시에 차감 납부하는 계산방식으로 세금계산서제도를 두고 있다.

매출액 × 세율(10%) = 매출세액(부가가치세예수금)
매입액 × 세율(10%) = 매입세액(부가가치세대급금)

☞ 매출세액(부가가치세예수금) - 매입세액(부가가치세대급금) = 납부할 세액

라. 부가가치세의 신고

부가가치세의 납세의무자는 「부가가치세법」의 사업자로서 일반과세자와 간이과세자로 구분하여 세금의 신고방법을 달리하고 있다.

일반과세자는 연간공급대가가 8,000만 원 이상인 사업자, 간이과세자는 연간공급대가가 8,000만원 미만인 사업자를 말한다.

[과세기간 - 일반사업자와 법인사업자의 경우]

- 제1기 확정 : 1월 1일 ~ 6월 30일 (예정신고기간 - 1월 1일 ~ 3월 31일)
- 제2기 확정 : 7월 1일 ~ 12월 31일 (예정신고기간 - 7월 1일 ~ 9월 30일)

마. 농업관련 부가가치세

(1) 농산물 미가공 및 단순가공 생산물

정부는 농업경영체의 보호육성을 위하여 농업경영체가 공급하는 농산물 중 일부와 농업생산에 필요한 일정 농자재에 대하여 부가가치세를 면제하고 있다.

면세대상 농산물은 가공되지 아니하거나 탈곡, 정미, 정분, 제분, 정육, 건조, 냉동,

염장포장, 기타 원생산물의 본래의 성질이 변하지 아니하는 정도의 1차가공을 거쳐 식용에 제공하는 것으로 곡류, 서류, 특용작물류, 과실류, 채소류, 수축류, 수육류, 유란류(우유 및 분유 포함), 생선류(고래포함), 패류, 해조류, 천일염, 재제염 등을 말한다,

단순가공식품으로 김치류, 젓갈류, 간장, 된장, 고추장, 두부, 단무지, 장아찌, 데친 김치류, 간장게장 등을 말하여 이 원료에 조미료나 향신료 등과 혼합한 가공식품은 식품위생법 제12조의 식품공전상 김치류, 젓갈류 등에 해당되지 않아 포장여부에 관계없이 부가가치세가 과세된다.(국세청부가 46015-3585)

(2) 부가가치세 적용항목과 면세재화

일반적으로 1차산업인 농산물 등에는 부가가치세를 부담하지 않게 하는데 이를 면세적용항목이라 한다. 한편, 농산물 등을 구입할 때에는 부가가치세 부담이 없는데 이를 면세재화라 한다.

(3) 부가가치세 영세율 적용

국가에서 농업관련 지원 일부품목에는 부가가치세를 완전 면세하는 영세율항목도 존재한다. 즉, 농업인이나 임업에 종사하는 사람에게(농업협동조합 등 각 조합 및 이들의 중앙회를 거쳐 공급하는 것을 포함) 공급하는 자재로서 아래와 같은 품목을 말한다.

- 「비료관리법」에 따른 비료
- 「농약관리법」에 따른 농약
- 농업용기계, 축산업용기자재, 임업용기자재로 대통령이 정한 것
- 「사료관리법」에 따른 사료(부가세가 면세되는 것은 제외)
- 친환경자재(천적, 키토산, 목초액)

(4) 면세

농수산물생산 농업경영체는 대부분 면세사업자에 해당되는 바, 「부가가치세법」의

면세 대상이 되는 가공되지 아니한 식료품(식용에 공하는 농산물·축산물·수산물과 임산물을 포함) 및 우리나라에서 생산되어 식용에 속하지 아니하는 농산물·축산물·수산물과 임산물로서 대통령령으로 정한 것은 부가가치세를 면제하도록 하고 있다.[11] 또한, 부가가치세법 시행규칙 「별표1」에 면세에 해당되는 미가공식료품를 분류하여 나열하고 있다.

(5) 부가가치세 사후환급

「조세특례제한법」에서 정하는 농업 등 관련기자재 등은 구입 시 부가가치세를 부담한 경우 이를 사후에 환급받을 수 있다. 이는 비료, 농약, 사료, 농업기계 33종(콤바인, 파종기, 육묘상자 등), 축산업용기자재 39종(사료등, 사료배합기, 축산분뇨제거기 등), 임업용기자재 15종(산불진화용 펌프, 톱밥제조기 등)이 있다.

[부가가치세 환급대상 농·어업용 기자재의 종류]

- 농업용기자재(부가세법 제7조 제1호 관련) -

1. 농업용 필름(비닐하우스용, 보온못자리용, 밭작물피복용 또는 과수재배용에 한한다.) 및 그 부속자재(비닐 고정용 패드 및 클립, 파이프조리개, 고정구 및 연결핀, 파이프꽂이에 한한다.)
2. 농업용 파이프(작물재배용 및 축산업용 비닐하우스와 과수재배용에 한한다.)
3. 농업용 포장상자(종이재질의 농·축산물 포장용에 한한다.)
4. 농업용 폴리프로필렌 포대(곡물 포장용에 한한다.)
5. 과일봉지(과일의 병충해 방지 및 상품성 향상을 위해 열매에 씌우는 봉지에 한한다.)
6. 인삼재배용 지주목·차광망·차광지 및 은박지
7. 차광망(연초건조용 또는 과수·화훼·채소 재배용에 한한다.)
8. 농업용부직포(작물재배용 및 축산업용에 한한다.)
9. 농업용 배지(양액, 버섯재배용만 해당한다.) 및 양송이 재배용 복토

11) 부가가치세법 제26조 제1항 1호

10. 축산업 톱밥(「친환경농업육성법 시행규칙」 별표1의 규정에 따른 사용기준을 충족한 것에 한한다.)
11. 이앙기용 멀칭종이(논농사 피복용에 한한다.)
12. 농업용 방조망 및 방풍망(과수·수실류·작물재배용 및 축산용에 한정한다)
13. 농업용 양수기
14. 볍씨발아기
15. 동력배토기
16. 동력예취기
17. 가축급여조사료 생산용 필름
18. 화훼·야생화용 종자류
19. 채소봉지(애호박·오이용에 한한다.)
20. 버섯재배용기
21. 축산업용 차량방역기
22. 폐가축처리기
23. 축사세척기
24. 카우브러쉬
25. 축사 악취제거기
26. 「약사법」에 따른 동물용의약품
27. 농작물 지주대
28. 농업용 무인헬리콥터
29. 농업용 로더(2톤 미만)
30. 농업용 굴삭기(1톤 미만)
31. 동력제초기
32. 농업용 고압세척기
33. 농산물 및 임산물 저온저장고(바닥면적 17㎡ 이하인 것에 한정한다)

4. 취득세와 재산세

취득세는 토지, 자동차 등 재화의 이전이라는 사실 자체에 포착하여 그 경제행위에 담세력을 인정하여 부과하는 유통세의 일종으로 부동산 등 자산의 취득시 지방세법 제20조의 취득시기로부터 60일 이내에 자진신고 납부하는 세금으로 취득자산의 원가에 가산 처리한다. 그러나 재산세는 재산의 소유에 따른 담세력을 인정, 정기적으로 부과 납부하는 세금으로 세금과공과계정으로 회계처리한다.

다만, 회계기간이 경과하여 납부하거나 추가 납부하는 경우 전기손익수정손계정으로 처리하고 과오납으로 회계기간 경과 전의 경우에는 차감 처리하고 회계기간 경과 후에 환급받은 경우 전기손익수정익계정으로 처리한다.

부록

1 농업회계처리지침(가이드라인)

농업생산의 특성을 감안하여 합리적이고 체계적인 농업회계의 토대를 마련하기 위하여 『농업회계처리지침(가이드라인)[12]』을 제정(농촌진흥청)하여 2015년부터 운용하고 있다. 이 기준에 따라 농업회계처리를 해야만 공정성과 통일성 그리고 객관성의 부여로 신뢰성 있는 재무제표작성이 이루어질 것이다.

『농업회계 처리지침(가이드라인)』

목적

1. 농업회계 지침(가이드라인)(이하 '회계 지침'이라 한다)은 「농어업경영체 육성 및 지원에 관한 법률」 제21조 제2항에 따른 농업경영체의 농업활동에 대한 회계처리에 통일성과 객관성을 부여하기 위하여 필요한 사항을 정하는데 목적이 있다.

적용범위

2. 이 회계 지침은 농업경영체의 농업활동과 관련하여 생물자산과 수확물의 회계처리에 적용한다. 다만, 이 회계 지침에서 구체적으로 정하지 아니한 사항에 대해서는 중소기업회계기준에 따른다.

용어의 정의

3. 이 회계 지침에서 사용하는 용어의 뜻은 다음과 같다.
   (가) '농업경영체'란 「농어업경영체 육성 및 지원에 관한 법률」 제2조에 따라 농업인, 영농조합법인, 농업회사법인을 말한다.

12) 일반적으로 「농업회계 가이드라인」으로 지칭하고 있으나 본서에서는 좀 더 명확한 회계개념으로 인식시키고자 '농업회계처리지침'으로 표현하오니 양지바랍니다.

(나) '농업활동'이란 농업경영체가 판매를 목적으로 생물자산에서 생산물을 수확하거나 다른 생물자산으로 형질을 변환하는 관리활동을 말한다.

(다) '생물자산'이란 살아있는 동물이나 식물을 말한다. 생물자산은 주된 용도에 따라 생산물을 생산하는 '생산용 생물자산'과 생물자산 그 자체로서 최종생산물이 되거나 판매되는 '소비용 생물자산'으로 구분한다.

(라) '성숙-생물자산'이란 내용연수가 1년을 초과하는 생산용 생물자산 가운데 생산활동을 할 수 있는 생물자산을 말한다.

(마) '미성숙-생물자산'이란 내용연수가 1년을 초과하는 생산용 생물자산 가운데 생산활동을 할 수 있는 상태에 이르지 못한 생물자산을 말한다.

(바) '수확'이란 생물자산에서 생산물을 분리하거나 생물자산의 생장과정을 중지하는 것을 말한다.

(사) '수확물'이란 생물자산에서 생산물을 수확하거나 생물자산의 성장과정을 중지하는 것을 말한다.

(아) '생물적 변환'은 생물자산에서 질적 또는 양적 변화를 일으키는 성장, 퇴화, 생산 그리고 생식과정으로 구성된다.

생물자산과 수확물 분류

유형자산

4. 생물자산을 생산하기 위하여 1년을 초과하여 사용할 것으로 예상되는 생산용 생물자산은 유형자산으로 분류한다.
5. 유형자산 중 생산용 생물자산이 그 원래의 목적에 사용할 수 있는 상태가 되면 대차대조표의 유형자산 중에 '성숙-생물자산'으로 분류하고, 원래의 목적에 사용하기 위하여 사육하거나 재배하는 과정에 있는 경우에는 '미성숙-생물자산'으로 분류한다.

재고자산

6. 수확물과 소비용 생물자산은 재고자산으로 분류한다.
7. 내용연수가 비교적 짧은 생산용 생물자산은 재고자산으로 분류할 수 있다.
8. 대차대조표에는 재고자산으로 분류되는 소비용 생물자산이 성장 중인 경우에는 '생장물'로 분류하고 수확시점 이후에는 '수확물'로 분류한다. 다만, 축산농가의 경우 '수확물'을 '생산물'로 표시한다.

자산의 인식과 측정

9. 생물자산이나 수확물은 아래의 조건을 모두 충족할 때 자산으로 인식한다.
   (가) 과거 거래나 사건의 결과로 생물자산이나 수확물을 농업경영체가 통제한다.
   (나) 생물자산이나 수확물에서 미래 경제적 효익의 유입가능성이 매우 높다.
   (다) 생물자산이나 수확물의 원가를 신뢰성 있게 측정할 수 있다.
10. 생물자산은 최초 인식시점에 원가를 측정한다. 생물자산원가는 취득과정에서 정상적으로 발생한 운반비, 수수료 등의 부대비용을 포함한 구입금액으로 측정하고 최초 인식시점까지 성장과 관련하여 정상적으로 발생한 직접원가와 간접원가를 가산한 금액이다.
   (가) 유형자산에 속하는 미성숙-생물자산의 원가는 생물자산을 최초로 인식한 후 매 보고기간 말에 성장과 관련하여 정상적으로 발생한 직접원가와 간접원가를 가산한 금액으로 측정한다.
   (나) 유형자산에 속하는 성숙-생물자산의 원가는 생물자산을 최초로 인식한 후 수확할 수 있는 상태에 이르기까지 성장과 관련하여 정상적으로 발생한 직접원가와 간접원가를 가산한 금액으로 측정한다. 성장과정에서 수익이 발생했을 경우 원가에서 차감한다.
   성숙-생물자산으로 인식한 후에는 원가에서 감가상각누계액과 손상차손누계액을 차감한 금액으로 측정한다.
   (다) 유형자산에 속하는 성숙-생물자산의 감가상각은 해당 생물의 성숙시점을 기준으로 한다. 성숙시점은 젖소의 경우 첫 출산 시, 번식용 가축의 경우 첫 출산을 위한 교배 시, 다년생 식물의 경우 수확물의 수익과 비용이 거의 같아지는 연도로 한다.
   (라) 재고자산에 속하는 생장물의 원가는 생물자산의 최초로 인식한 후 매 보고기간 말에 성장과 관련하여 정상적으로 발생한 직접원가와 간접원가를 가산한 금액으로 측정한다.
11. 생물자산에서 수확한 수확물의 원가는 생물자산을 최초로 인식한 후 수확이 완료될 때까지 성장 및 수확과 관련하여 정상적으로 발생한 직접원가와 간접원가를 가산한 금액으로 측정한다.

수익의 인식

12. 생물자산이나 수확물을 판매하고 이에 대한 대가를 받을 권리를 갖게 되었을 때 수익을 인식한다. 다만, 회수기간이 1년을 초과한 할부매출은 할부금 회수기일에 수익을 인식할 수 있다.
13. 생물자산이나 수확물을 위탁판매하는 경우에는 수탁자가 위탁품을 판매한 날 수익을 인식한다. 다만, 농협 등을 공동출하의 경우 정산금을 받은 날 수익을 인식한다.

14. 농작업위탁 등 도급계약의 경우 용역전부를 완료한 날 수익을 인식한다.

15. 정부보조금의 경우 지불통지를 받은 날 수익을 인식한다.

비용의 인식

16. 특성에 따라 수익에 대응시켜 발생한 기간에 비용으로 인식한다.

생산원가명세서

17. 농업활동의 매출원가를 산정할 필요가 있는 경우에 손익계산서의 부속명세서로 생산원가명세서를 작성할 수 있다. 다만, 농산물가공업을 겸업하는 경우 제조원가명세서를 작성할 수 있다.

18. 당기수확물의 생산원가는 재료비, 노무비, 생산경비로 구분하여 집계한 당기총생산원가에서 기초생장물재고액을 가산하고 기말생장물재고액과 다른 계정대체액을 차감한 금액으로 한다. 생산원가명세서의 양식은 '부록 2'와 같다.

19. 경영주 노임, 자기자본, 자기토지에 대한 기회비용은 비용에 포함되지 않는다.

재무제표

20. 재무제표 작성과 표시에 관한사항은 중소기업회계기준에 따른다. 대차대조표와 손익계산서의 양식은 '부록 3, 부록 4'와 같다.

시행일

21. 이 지침(가이드라인)은 2015년 1월 1일 이후 최초로 시작되는 회계연도부터 적용한다.

2 생산원가명세서(양식)

생산원가명세서

제×기 : 20××년 ×월 ×일부터 20××년 ×월 ×일까지
제×기 : 20××년 ×월 ×일부터 20××년 ×월 ×일까지

농장명 : (단위 : 원)

과 목	제×(당)기		제×(전)기	
	금 액		금 액	
Ⅰ. 재료비		×××		×××
1. 기초재료재고액	×××		×××	
2. 당기재료매입액	×××		×××	
〈 계 〉	×××		×××	
3. 기말재료재고액	(×××)		(×××)	
Ⅱ. 노무비		×××		×××
1. 급여	×××		×××	
2. 고용비	×××		×××	
3. 잡급	×××		×××	
4. 퇴직급여	×××		×××	
------	×××			
Ⅲ, 생산경비		×××		×××
1. 광열동력비	×××		×××	
2. 비료비	×××		×××	
3. 농약비	×××		×××	
4. 포장비	×××		×××	
5. 약품비	×××		×××	
6. 진료위생비	×××		×××	
------	×××		×××	
------	×××		×××	
Ⅳ. 당기총생산원가		×××		×××
Ⅴ. 기초생장물재고액		×××		×××
Ⅵ. 합 계		×××		×××
Ⅶ. 기말생장물재고액		(×××)		(×××)
Ⅷ. 당기수확물(생산물)생산원가		×××		×××

3 재무상태표(대차대조표)(양식)

재무상태표(대차대조표)

제×기 : 20××년 ×월 ×일 현재
제×기 : 20××년 ×월 ×일 현재

농장명 : (단위 ; 원)

과 목	제×(당)기		제×(전)기	
	금 액		금 액	
자 산				
유동자산		×××		×××
당좌자산		×××		×××
현금 및 현금성자산	×××		×××	
단기투자자산	×××		×××	
매출채권	×××		×××	
(−)대손충당금	(×××)		(×××)	
선급비용	×××		×××	
미수수익	×××		×××	
미수금	×××		×××	
(−)대손충당금	(×××)		(×××)	
선급금	×××		×××	
-----	×××		×××	
재고자산		×××		×××
수확물	×××		×××	
생장물	×××		×××	
원재료	×××		×××	
저장품	×××		×××	

비유동자산		×××		×××
투자자산		×××		×××
투자부동산	×××		×××	
장기투자증권	×××		×××	
장기대여금	×××		×××	
-----	×××		×××	

과 목	제×(당)기		제×(전)기	
	금 액		금 액	
유형자산		×××		×××
토지	×××		×××	
건물	×××		×××	
(-)감가상각누계액	(×××)		(×××)	
영농시설물	×××		×××	
(-)감가상각누계액	(×××)		(×××)	
대농기구	×××		×××	
(-)정부보조금	(×××)		(×××)	
(-)감가상각누계액	(×××)		(×××)	
차량운반구	×××		×××	
(-)감가상각누계액	(×××)		(×××)	
건설중인자산	×××		×××	
성숙-생물자산	×××		×××	
(-)감가상각누계액	(×××)		(×××)	
미성숙-생물자산	×××		×××	
----	×××		×××	
무형자산		×××		×××
지식재산권	×××		×××	
개발비	×××		×××	
컴퓨터소프트워어	×××		×××	
광업권	×××		×××	
임차권리금	×××		×××	
영업권	×××		×××	
-------	×××		×××	
기타비유동자산		×××		×××
임차보증금	×××		×××	
장기매출채권	×××		×××	
장기선급비용	×××		×××	
장기미수금	×××		×××	
-----	×××		×××	
자산총계		×××		×××

과 목	제×(당)기		제×(전)기	
	금 액		금 액	
부 채				
유동부채		×××		×××
단기차입금	×××		×××	
매입채무	×××		×××	
미지급법인세	×××		×××	
미지급비용	×××		×××	
미지급급	×××		×××	
선수금	×××		×××	
선수수익	×××		×××	
예수금	×××		×××	
유동성장기부채	×××		×××	
------------	×××		×××	
비유동부채		×××		×××
장기매입채무	×××		×××	
사채	×××		×××	
퇴직급여충당금부채	×××		×××	
-----	×××		×××	
부채총계		×××		×××
자 본				
자본금		×××		×××
보통주자본금	×××		×××	
우선주자본금	×××		×××	
자본잉여금		×××		×××
주식발행초과금	×××		×××	
자기주식처분손실	×××		×××	
감자차익	×××		×××	
---------	×××		×××	
자본조정		×××		×××
주식할인발행차금	×××		×××	
자기주식	×××		×××	
자기주식처분손실	×××		×××	
감자차손	×××		×××	
------	×××		×××	
이익잉여금(또는 결손금)		×××		×××
법정적립금	×××		×××	
임의적립금	×××		×××	
미처분이익잉여금 (또는 미처리결손금)	×××		×××	
자본총계		×××		×××
부채 및 자본 총계		×××		×××

〈주〉 이 재무상태표(대차대조표)는 중소기업회계기준에 따라 작성하였다.

4 손익계산서(양식)

<u>손 익 계 산 서</u>

제×기 : 20××년 ×월 ×일부터 20××년 ×월 ×일까지
제×기 : 20××년 ×월 ×일부터 20××년 ×월 ×일까지

농장명 : (단위 : 원)

과 목	제×(당)기		제×(전)기	
	금 액		금 액	
매출액		×××		×××
매출원가		×××		×××
기초수확물(생산물)재고액	×××		×××	
당기수확물(생산물)생산원가	×××		×××	
기말수확물(생산물)재고액	(×××)		(×××)	
매출총이익(또는 매출총손실)		×××		×××
판매비와 관리비		×××		×××
급여	×××		×××	
퇴직급여	×××		×××	
복리후생비	×××		×××	
임차료	×××		×××	
접대비	×××		×××	
감가상각비	×××		×××	
무형자산상각비	×××		×××	
세금과공과	×××		×××	
광고선전비	×××		×××	
연구비	×××		×××	
경상개발비	×××		×××	
대손상각비	×××		×××	
---------	×××		×××	
영업이익(또는 영업손실)		×××		×××
영업외수익		×××		×××
이자수익	×××		×××	
배당금수익	×××		×××	

과 목	제×(당)기		제×(전)기	
	금 액		금 액	
임대료	×××		×××	
단기투자처분이익	×××		×××	
단기투자자산평가이익	×××		×××	
외환차익	×××		×××	
외화환산이익	×××		×××	
장기투자증권손상차손환입	×××		×××	
유형자산처분이익	×××		×××	
사채상환이익	×××		×××	
전기오류수정이익	×××		×××	
--------------	×××		×××	
영업외비용		×××		×××
이자비용	×××		×××	
기타대손상각비	×××		×××	
단기투자자산처분손실	×××		×××	
단기투자자산평가손실	×××		×××	
재고자산감모손실	×××		×××	
외환차손	×××		×××	
외화환산손실	×××		×××	
기부금	×××		×××	
장기투자증권손상차손	×××		×××	
유형자산처분손실	×××		×××	
사채상환손실	×××		×××	
전기오류수정손실	×××		×××	
-------------	×××		×××	
법인세비용차감전순이익 (또는 법인세비용차감전순손실)		×××		×××
법인세비용		×××		×××
당기순이익(또는 당기순손실)		×××		×××

〈주〉 이 손익계산서는 중소기업회계기준에 따라 작성하였다.

5 표·양식·그림·회계상식 목록

1. 표·양식

2. 그림

3. 회계상식

부록

참고도서

재무회계

- 『IFRS회계원리』(개정판), 이만우, 김기영, 최우석, 조광희, ㈜생능, 2017
- 『IFRS반영 회계학원론』, 김호중, 조성표, 한봉희, 창민사, 2018
- 『IFRS시대의 재무회계』(제3판), 김민철, 김요환, 주진혁, 세학사, 2019
- 『IFRS회계원리입문』, 김상우, 김봉현, 윤희원, 유원북스, 2017
- 『IFRS중급회계』(상), 김재호, 원, 2018
- 『IFRS 중급회계』(상·하), 김영덕, 다임, 2019
- 『중급회계 IFRS』(7판), 윤주석, 문태형, 지필미디어, 2019
- 『중급회계 IFRS』(7판), 정운오, 나인철, 이명곤, 조성표, 경문사, 2018
- 『K-IFRS Toss Plus 중급회계』, 강경보, 최정인, 피데스, 2018
- 『K-IFRS회계원리』, 김기동, 김태동, 샘앤북스, 2019,
- 『K-IFRS 회계원리』, 정혜영, 황문호, 교육과학사, 2018
- 『K-IFRS중급회계』(제2판), 황준성, 청람, 2018
- 『쓱 보면 싹 이해되는 K-IFRS』, 김성기, 무역경영사, 2016,
- 『K-IFRS회계원리』(4판), 강경규, 윤주석, 정병수, 권영모, 이수명, 세학사, 2018
- 『쉽게 배우는 K-IFRS 중급회계』, 김진선, 박재완, 도서출판 시대가치, 2019
- 『최신회계원리』, 이종태, 교육과학사, 2017
- 『회계와 재무의 이해』, 김형규, 유원북스, 2019
- 『회계입문』, 이재실, 교육과학사, 2017

원가관리회계

- 『원가회계의 이해』, 정형록, 김재준, 최연식, 교육과학사, 2019
- 『원가계산과 원가관리』, 박석하, 손영삼, 김제숭, 범한, 2018
- 『스마트사용자 중심의 원가회계』(3판), 서강관리회계연구회, 유원북스, 2018
- 『K-IFRS원가관리회계』, 양해면, 한올, 2018
- 『원가관리회계』, 황국재, 김도형, 이성욱, 생능, 2018
- 『K-IFRS적용 원가관리회계』, 조군제, 이진수, 무역경영사, 2017

농업회계

- 『농업인이 알아야 할 농장회계 길라잡이』, 농림부, 2007
- 『농업회계 표준실무서』, 농촌진흥청, 2014
- 『농업회계활성화를 위한 원예작물회계처리 표준사례』, 충청북도 농업기술원, 2015
- 『농가회계기록활성화를 위한 농업회계 가이드라인 개발』, 이상래, 이철희, 정병우, 윤석곤, 서상택, 2015, '농업경영·정책연구' 제42권 제2호
- 例解農業簿記, 이창우, 최승기, 선진문화사, 1994
- 『농업회계』, 권오옥, 신해식, 양병우, 한성일, 선진문화사, 1998
- 『IFRS 농업회계』, 윤석곤, 범한, 2013
- 『한권으로 끝내는 농업경영분석 길라잡이』, 농촌진흥청, 2017

해외서적

- 『會計の 意味論』, 田中茂次, 中央大學學術圖書, 2018
- 『現代財務會計の エッセンス』, 郡司 健, 中央經濟社, 2017
- 『財務會計』(第5版), 平野秀輔, 白桃書房, 2017
- 『基本原價計算』(第5版), 建部宏明, 同文舘出版株式會社, 2017,
- 『原價·管理會計の 基礎』, 產田庫平 外, 中央經濟社, 2018
- 『基本原價計算』(第5版), 建部宏明, 同文舘出版株式會社, 2017
- 『The QuickBooks Farm Accounting Cookbook, Volume III: Farm Resale Items : Stocker and Feeder Livestock, Resale Produce, and More』, (저자) Mark R. Wilsdorf, (출판사) Flagship Technologies, Inc. 2018
- 『Farm Accounting for the Practical Farmer』, (저자) Lloyd E. Goodyear (출판사) Forgotten Books, 2017

저자소개

박영일

학력

- 성균관대학교 회계학과(학사)
- 중앙대학교 산업경영대학원(석사)
- 상명대학교 경영대학원(박사)

약력

- 농협중앙회 농촌사랑추진단장
- 농협중앙회 농촌사랑지도자연수원 부원장
- (사)농촌사랑범국민운동본부 사무국장
- (현)농촌여성신문 객원논설위원
- (현)(주)심농(心農)교육원 원장

저서

- 『농협회계기준해설』, 협동아카데미, 1999
- 『농협회계연습』, 협동아카데미, 1999
- 『인생, 뜨겁게 KISS하라』, 한언, 2006
- 『무지개를 띄우는 행복마을』, 이담북스, 2011
- 『풍요로운 삶을 위한 행복연습』, 이담북스, 2014
- 『인문학에서 미래농업의 길을 찾다』, 한국학술정보, 2019

주요논문

- 『성공적인 귀농을 위한 연구 ; 귀농사례 중심으로』, 중앙대학교 산업경영대학원, 1998,
- 『체험유형선호에 따른 농촌체험관광마을태도가 방문의도에 미치는 영향에 관한 연구』, 2008, 상명대학교 경영대학원

강의경력

- MBC방송국(TV특강), KBS TV방송국(대전), MBC라디오 방송국(삼척), 평화방송국 강의·출연
- 해외초청 강의(일본 시즈오카현·기후현)
- 대학강의(상명대학교 경영학과)
- 대학특강(서울대·농협대 등)
- 시군농업기술센터, 시도농업기술원, 농협, 농식품공무원교육원, aT농식품유통교육원
- 교육연수원, 행정안전부 지방자치인재개발원, 한국금융연수원, 삼성그룹연수원, 군부대, 중소기업진흥공단연수원, 한국표준협회, 기업CEO조찬회 강의 등
- 『청년창업농』 표준교재 편집 및 전문강사
- 귀농귀촌 『농업일자리 탐색교육』 표준교재 편집 및 전문강사

김혁식

학력

- 전남대학교 농업경제학과 졸업
- 전남대학교 경영대학원 석사과정 수료
- 서울대학교 경영대학 고급금융과정 수료
- 세종대학교 산업대학원(석사)

약력

- 농협은행 여신관리부, 기업금융지점장 역임
- 농림수산업자신용보증기금 센터장 역임
- 농협중앙회 강원연수원 교수 역임
- (현) 농업회사법인 보아스코리아(주) 대표이사
- (현) ㈜마을디자인 농산업의 재무관리 강사

6차산업화시대 농업회계

초판 1쇄 2020년 1월 10일
2판 1쇄 2022년 5월 1일

지은이 박영일·김혁식

펴낸곳 세창문화사
주소 경기도 수원시 장안구 천천로 233, 5층
전화번호 1544-1466
팩스 031-269-6366

가격 23,000원

A g r i c u l t u r a l A c c o u n t i n g

6차산업화시대

농업회계

개정판

값 23,000원

13320

9 791191 820232

ISBN 979-11-91820-23-2